数学的思考力が身につく
伝説の入試良問

写给所有人的数学思维课

[日] 永野裕之 著　　舟慕云 译

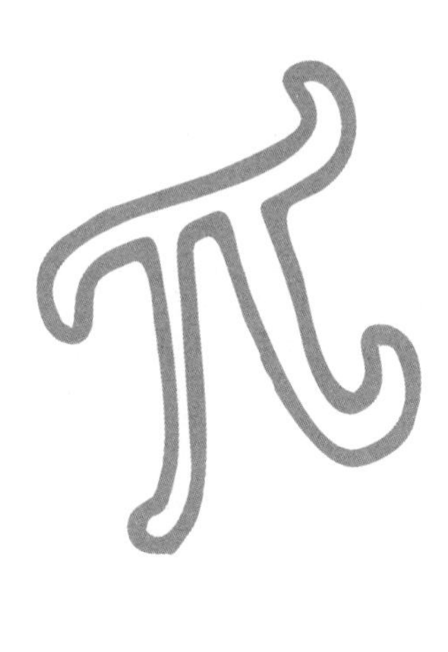

北京日报出版社

图书在版编目（CIP）数据

写给所有人的数学思维课 /（日）永野裕之著 ; 舟慕云译. -- 北京 : 北京日报出版社, 2020.11
ISBN 978-7-5477-3823-8

Ⅰ. ①写… Ⅱ. ①永… ②舟… Ⅲ. ①数学一普及读物 Ⅳ. ① 01-49

中国版本图书馆 CIP 数据核字（2020）第 171980 号
北京版权保护中心外国图书合同登记号：01-2020-2334

DENSETSU NO NYUSHIRYOMON
Copyright @ 2018 Hiroyuki Nagano
Originally published in Japan in 2018 by Daiwa Shobo Co., Ltd., Tokyo.
Chinese (in simplified character only) translation rights arranged with Daiwa Shobo Co., Ltd., Tokyo, Japan.
through CREEK & RIVER Co., Ltd. and CREEK & RIVER SHANGHAI Co., Ltd.

写给所有人的数学思维课

出版发行：北京日报出版社
地　　址：北京市东城区东单三条 8-16 号东方广场东配楼四层
邮　　编：100005
电　　话：发行部：（010）65255876
总编室：（010）65252135
印　　刷：天津创先河普业印刷有限公司
经　　销：各地新华书店
版　　次：2020 年 11 月第 1 版
2020 年 11 月第 1 次印刷
开　　本：710 毫米 ×1000 毫米　1/16
印　　张：13.5
字　　数：210 千字
定　　价：45.00 元

版权所有，侵权必究，未经许可，不得转载

前 言

衷心感谢您购买本书。

笔者担任日本一家数学培训机构的校长，平时也进行一些数学类书籍的写作，以传授学习数学的意义和价值作为毕生的事业。一直以来，笔者都以数学教师的身份对学生进行指导，笔者的学生从小学生到成年人，甚至老年人，受众群体十分广泛。笔者已有超过20年的教龄，至今已经完成了18本书的写作(包括本书)。

本书的写作宗旨是让您掌握数学思维。笔者从初中入学考试、高中入学考试、大学入学考试等数量众多的题目当中，收集了被大家交口称赞的好题作为题材。此外，在最后一章中选取了社会上有名的难题。这些题目可不是只要背诵公式和解题方法就能够轻松解答的。

通过阅读本书可以掌握何种数学思维能力呢？说得极端一些，是掌握解决未知问题的能力。笔者经常会听到这样的声音(特别是学生时代不擅长数学的人)："学习数学完全没有用处，步入社会之后一次都没有用到过。让理科生去学习就好了。"确实，我们进入社会之后几乎没有解过二次方程式，一般情况下也不会需要证明两个图形相似。但是，在所有国家，无论文科还是理科，数学都是必修科目，这又是什么原因呢？

一方面，学习数学的真正目的并不是背诵解二次方程的公式和三角形的相似条件，而是通过这些知识培养解决问题的能力。例如，通过解二次方程学习演绎性处理问题的乐趣，从证明相似可以学到确定目标说明正确性的方法。

当今，机器学习和AI(人工智能)技术在飞速发展。它们通过对现有问题的处理方法进行学习，将其模式化后解决问题。

另一方面，现代社会的发展速度惊人。有些内容昨天还是真理，今天却变成了谬误，这种情况比比皆是。使用别人已经准备好的"答案"的时代已经结束。笔者认为现在已经到了需要数学思维能力的时代，我们必须通过自己的头脑思考如何解决不断出现的新的未知问题。

在笔者看来，“数学思维能力”是由以下7种能力综合而来的：

①整理信息的能力。

②以不同观点观察的能力。

③具体化的能力（想象的能力）。

④抽象化的能力（模式化的能力）。

⑤分解的能力。

⑥变换的能力。

⑦综合说明的能力。

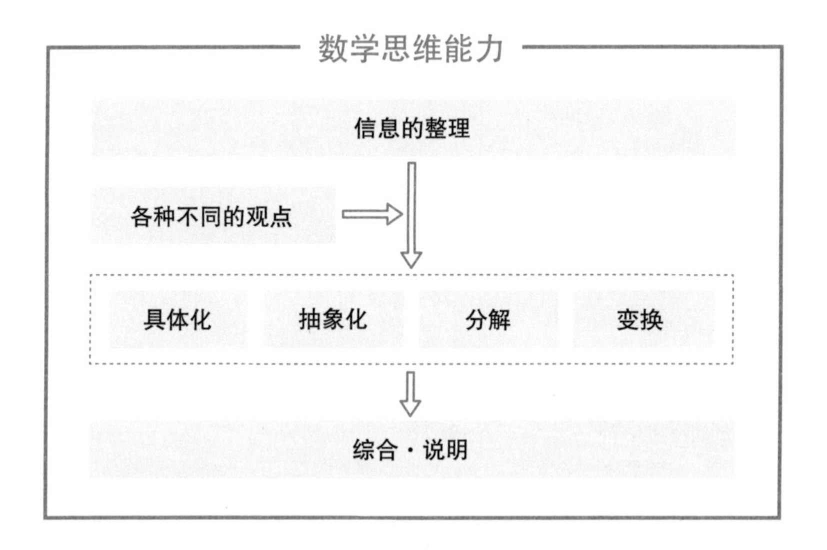

想要解决问题，首先需要整理信息。在此基础上，以各种不同的观点来观察问题。如果情况并不明朗，则通过思考试验等进行具体化，丰富想象。相反，有时也需要抽象化，从具体的情况当中剥离多余的信息，进行模式化处理。能够在具体和抽象之间行走自如，随时进行演绎性处理也是十分重要的。另外，越是困难的问题，越要分解问题。多数情况下，将其变换为更加易于思考的问题的做法非常有效。

综上所述，大多数问题都可以找到解题的头绪。但仅此并不能让人放心。数学即为逻辑，而逻辑并不是所有人都能够理解的，因此最后还需要具备归纳总结自己的思考过程、有序地进行说明的能力。

本书严格挑选了最适合锻炼这样的数学思维能力的好题。笔者在选择题目时考虑到了以下要点：

· 不是仅将数字代入公式即可解决的题目。

· 题目的意义通俗易懂。

· 具有独创性。

· 不需要过多的知识。

· 计算不过于复杂。

· 解开后会让人充满喜悦。

· 能够较为平衡地考察构成数学思维能力的7项能力。

· 文科生已经学过的内容（高中篇的第18题除外）。

· 表达出题者的想法。

本书中的问题涵盖滩中学、开成中学、樱荫中学、庆应义塾女子高等学校、东京大学和京都大学等数学考试和奥林匹克数学（算术）竞赛中的题目，可以说是难度最高，同时也是质量最高的题目。

笔者作为一名数学教师，衷心地为出题者喝彩，向受到各种条条框框束缚却能奉献出如此好题的老师们表示敬意。

出考察知识的题目很简单：随意将情况变复杂，或者让计算很烦琐，出这样的"怪题"并不难。而保持独创性，又包括丰富的知识点，出这样的题目则极难，甚至可以说是具有艺术性的。正因如此才称为"好题"。

本书的目标读者

本书中的题目都是无法轻松解答的难题，因此笔者首先希望对数学有自信的人来挑战。各题中设置的难易度和目标解题时间也是考虑到这些人而设置的。

当然，也非常欢迎对数学没有自信的人。想必您一定是对“掌握数学思维能力”的部分感兴趣，如果能够按照“如何使用本书”的方法阅读，一定会实现期望的目标。

而且，希望那些对数学不太自信，但想要了解数学思维能力为何物的文科生一定要阅读本书。除高中篇的第18题(东大积分问题)之外，所有题目均为文科生已经学过的内容。

本书的特色

本书将所有问题大体分为下列5大模块 ：

问题

⇩

前提知识、公式

⇩

解题思路探讨

⇩

解答

⇩

永野之见

笔者希望读者将锻炼数学思维能力与记住数学知识、公式严格区分开来，所以在最开始归纳出解答该题目所需的前提知识和公式(有些题目没有这部分内容，表示没有相应的前提知识或公式)。

之后的“解题思路探讨”是本书的核心。笔者并不希望本书成为单纯地罗列好题和答案的“习题册”，也不希望仅仅揭示优秀的解法让您感叹。笔者最希望传递的是，无论多么难的题目，**只要正确应用数学思维能力，一步一步去做，都可以得到答案**。因此，有些部分稍显冗长，有些部分稍显啰嗦，但这些正是这一“过程”中最希望您知道的。即使您看到题目的第一反应是完全没有头绪，只要在“过程”中跟着笔者一同思考，就一定能够掌握数学思维能力。

最后是类似专栏性质的“永野之见”，这是笔者代替出题者讲出自己的想法。此外这个部分还加入了可以使用该题中的数学思维解答类似题型的重要事项。

如何使用本书

首先，请尝试在目标解题时间内解出题目。此时，可以先过目“前提知识、公式”。如果能够在目标时间内凭自己的能力解出题目，那么您非常优秀。

如果未能在目标解题时间内解出题目的话，请前往“解题思路探讨”。如前文所述，其中详细地写了如何使用数学思维能力，以及如何找到切入点。在这里最重要的是与笔者一同思考。

尽可能不要简化“答案”，写出“全部”过程。在阅读“解题思路探讨”后细细琢磨，这样做的话相信文科生也能够理解。

再多说一句，本书中的题目都很难。但是，应用数学思维能力一步一步去做的话，一定会看见曙光。即使不知道背后有什么奇特解法，但是只要循序渐进，必能解决，这才是好题之所以经典的原因。

如果您能够通过本书中的宝贵好题，发现使用数学思维能力解出题目的乐趣，笔者会倍感欣慰。

让我们一起来享受其中的乐趣吧！

永野裕之

目 录

第一章　小 学 篇

第二章　初 中 篇

第三章　高 中 篇

第四章　社 会 篇

第一章

小 学 篇

本章的内容是“算术”题。如果是擅长数学的人，听到算术的话可能会觉得“这很简单”。但是笔者认为，本章所选取的6道题目，即使是数学很好的人也不会觉得简单：

第一，解答这些题目需要扎实的“数学思维能力”，任何一道题都丝毫不逊于初中生和高中生要解答的数学难题，都是货真价实的好题。

第二，解答这些题目时不可以使用代数式一般化的解题方法。在思维上需要反复运用具体和抽象的数学思维能力，这对于习惯使用代数式一般化解题的读者来说，可能会感觉更难。

第 1 题

测试“试验”能力的题目

本乡中学 2007 年度 ▸难易度：简单   ▸目标解题时间：10 分钟

有一个酒店，有 20 层楼，每层各有 40 间房，总计为 800 间房。该酒店用数字 0~7 表示房间号。比如，第 1 层第 7 间的房间号为 0107，第 8 间的房间号为 0110；第 7 层第 1 间的房间号为 0701；第 8 层第 1 间的房间号为 1001。

（1）请回答第 790 间的房间号。

（2）该酒店房间号中带有数字 1 的房间共有多少间？

（3）该酒店的经营者变更，使用 0、1、2、3、4、5、6、7、8、9、A、B、C、D、E、F 替代了之前的 0、1、2、3、4、5、6、7、8、9、10、11、12、13、14、15。第 1 层第 1 间的房间号为 0101，第 10 间的房间号为 010A，第 16 间的房间号为 0110。而第 15 层第 1 间的房间号为 0F01。此时，房间号中带有 C 的房间共有多少间？

（1）的解题思路探讨

“如果只能使用0～7的话，就是说……是八进制”，想到这一点的人可以很容易地解出此题。不过这里假设大家不具备进制知识。

因为只能使用0～7是特殊情况，所以很难有一个直观的印象。此时，“试验”是非常有效的方法，即实际写出几个例子。但这里并不是随意写，而是要思考如何才能够看出某种规律性。

（1）的解答

问题当中说“每层各有40间房”，于是假设第1层的房间如下所示。

1层

第1行		0101	0102	…	0106	0107	7间房
第2行	0110	0111	0112	…	0116	0117	8间房×4
	⋮	⋮	⋮	…			
第5行	0140	0141	0142	…	0146	0147	
第6行	0150						1间房

首先，思考第790间房位于第几层。每层有40间房，所以

$$790 \div 40 = 19 \quad \cdots\cdots 30$$

经过计算后得出第790间房间位于第20层，而余数是30，所以**第790间房间为第20层的第30间房。**

根据上面的“试验”可以看出，最初的第1行为7间房，第2行～第5行为8间房(第6行为1间房)，所以

$$30 = 7 + 8 + 8 + 7$$

第30间房为该层第4行中从前向后数的第7间(从后向前数的第2间)，即**房间号的末尾两位为36。**

20层

第1行		2401	2402	…	2406	2407	⇨	7间房	23间房
第2行	2410	2411	2412	…	2416	2417	⇨	8间房	
第3行	2420	2421	2422	…	2426	2427	⇨	8间房	
第4行	2430	2431	2432	…	(2436)	2437			
	第1间	第2间	第3间		第7间				

另外要注意，不可将第20层的房间号贸然断定为“20□□”。由于只可以使用0～7，所以7层为“07□□”，之后8层为“10□□”。同理可知16层为“20□□”。20层为“24□□”。

7层	07□□
8层	10□□
9层	11□□
10层	12□□
……	
15层	17□□
16层	20□□
17层	21□□
……	
20层	24□□

综上所述，可知第790间的房间号为2436。

答案： 2436

（2）的解题思路探讨

第1层的房间号为“01□□”，所有房间都带有数字1。而第2层的房间号为“02□□”，带数字1的房间只有0201一间。我们先考虑所有房间中层数带数字1的共有多少层。

通过(1)的解答，掌握规律的人应该可以在大脑中计算出来，如果不放心的话可以写在纸上，这样更加直观。思考过程中，无论何时进行“试验”都会对我们的解题有所帮助。而且该酒店只有20层，即使把所有楼层都写下来也不是很麻烦。

（2）的解答

	1层	2层	3层	4层	5层	6层	7层
	01□□	02□□	03□□	04□□	05□□	06□□	07□□
8层	9层	10层	11层	12层	13层	14层	15层
10□□	11□□	12□□	13□□	14□□	15□□	16□□	17□□
16层	17层	18层	19层	20层			
20□□	21□□	22□□	23□□	24□□			

通过上表可以看出，1层、8层～15层和17层**共计10层的房间（40间房间）带有数字1**。

接下来考虑**剩余10层**的房间号中带有数字1的房间数。所有楼层的房间号后两位都是相同的，所以可以用到(1)中绘制的“1层”表(第003页)。房间号后两位中带有1的为下表的**十字部分**。

第1行		□□01	□□02	…	□□06	□□07
第2行	□□10	□□11	□□12	…	□□16	□□17
		⋮				
第5行	□□40	□□41	□□42	…	□□46	□□47
第6行	□□50					

横向8个、纵向5个数字，交叉部分的数字重复，所以十字部分的(带有数字1)的房间数为

$$8+5-1=12$$

最后，房间号前两位中带有数字1的10层各有40间房间，剩余10层各有12间房间，所以

$$40\times10+12\times10=520$$

房间号带有数字1的房间共有**520间**。

答案：	520间

（3）的解题思路探讨

经过(1)(2)的计算，我们基本已经适应了每8位向上进一位(八进制)。但是下面规则变了……这次用“0～9、A、B、C、D、E、F”替代“0～9、10、11、12、13、14、15”的数字，因此为每16位向上进一位(十六进制)。10以上的数字进位相比10以内的数字进位更加烦琐。请你做好采用更多的数字进行试验的心理准备。

虽说如此，都写下来还是不太现实。所以我们分别将房间号的前2位和后2位归纳在表中，思考对应关系。

（3）的解答

房间号的前2位

	1层	2层	3层	4层	…	9层	10层	11层	12层	13层	14层	15层
	01□□	02□□	03□□	04□□	…	09□□	0A□□	0B□□	0C□□	0D□□	0E□□	0F□□
16层	17层	18层	19层	20层								
10□□	11□□	12□□	13□□	14□□								

房间号的后2位：各层

	1号	2号	3号	…	8号	9号	10号	11号	12号	13号	14号	15号
	□□01	□□02	□□03	…	□□08	□□09	□□0A	□□0B	□□0C	□□0D	□□0E	□□0F
16号	17号	18号	19号	…	24号	25号	26号	27号	28号	29号	30号	31号
□□10	□□11	□□12	□□13	…	□□18	□□19	□□1A	□□1B	□□1C	□□1D	□□1E	□□1F
32号	33号	34号	35号	…	40号							
□□20	□□21	□□22	□□23	…	□□28							

只要列出这个表格，剩下的就简单了。

12层为“0C□□”，所以所有房间(40间房间)都带有C。剩余的19层中，第12间和第28间2间房间带有C。

结果可知，除12层的全部40间房间之外，剩余19层各有2间房间满足条件。所以

$$40+2\times19=78$$

房间号带C的为**78间**。

答案：78间

永野之见

规律性的题目是初中入学考试中最常见的题目之一。而规律性题目最好的解决方法就是寻找周期性(相同内容的重复)。例如，有这样一道题：

请求出7^{1000}的个位数字。

我们当然不会去实际计算7^{1000}，可以先尝试计算比较容易计算的答案：

$7^1=7$

$7^2=49$

$7^3=343$

$7^4=2401$

$7^5=16807$

⋮

个位「7，9，3，1」重复

经过简单计算，就可以发现7^n的个位数字按照“7、9、3、1”这几个数字重复(周期性)，而7^4、7^8、7^{12}、7^{16}的个位也是1(7^n的n是4的倍数时个位为1)。

而

$$1000=4\times250$$

是4的倍数，所以7^{1000}的个位也是“1”。

数学当中也是如此，寻找周期性几乎是解决庞大复杂问题的唯一方法。

那么如何才能发现周期性规律呢？就是直截了当地写出来。

曾经笔者在给一些在职学生上课时，有学生说：“原来老师总是写出来思考啊！”

这让我很意外，不过从这句话可以判断这位学生并没有养成“写出来思考”的习惯，所以会对我的“思考方式”感到惊讶。

通常，不擅长数学的学生都不会“写出来”，而是在大脑中思考。但是，在大脑中思考的往往是概念性、抽象的内容，对于笔者来说思考的过程是非常难以理解的。这样思考的结果往往“不明确”。

而在纸上写出来的做法则是具体的，让大脑中模糊的概念变得清晰明确。

“手是外部的大脑”“手是第二个大脑”，的确如此，从手腕到指尖聚集着数量众多的神经细胞，它们都会向大脑发送信号。因此，动手会对大脑产生很强的刺激。

相信每个人都会有这样的经历，在写文章时，当实际写出来之后，会出现最初没有想到的词句和想法。这就是通过书写行为，让“第二个大脑”——手，与我们一同思考的缘故。

希望大家在解决问题时也要这样做，积极地运用“第二个大脑”。想要做到这一点，最重要的就是养成“动手写出来”的习惯。

“动手写出来”不仅应用于解决规律性的问题，如果您的孩子不擅长解决抽象性问题或看不懂题目内容，您也可以告诉他：“写出来试试吧。”

第 2 题

归纳与演绎

樱荫中学 2009 年度 | ▸难易度：简单 普通 难 | ▸目标解题时间：10 分钟

请在下面的字母处填入恰当的数字或句子。

有 365 张卡片重叠在一起，每张卡片上按照顺序写着非闰年年份的日期。第 1 张为 1 月 1 日、第 2 张为 1 月 2 日、第 3 张为 1 月 3 日……第 365 张为 12 月 31 日。现在，从前向后将偶数张数的卡片取出。此时，剩余卡片的第 1 张所写的日期为 1 月 1 日、第 2 张为 1 月 3 日……第 28 张为 a 月 b 日。

然后，在剩余的卡片中从前向后取出奇数张数的卡片。此时，剩余卡片的第 c 张的日期为 9 月 12 日。如果 1 月 1 日是周一的话，那么，最后剩余的卡片中，从前向后数第 69 张是周 d。

前提知识、公式

日历计算

大月(有31日的月份)：1、3、5、7、8、10、12月

小月(没有31日的月份)：2(非闰年只有28日)、4、6、9、11月

a 和 b 的解题思路探讨

从最初状态下取出偶数张数的卡片后，剩余的是最初状态的奇数张数的卡片。因此，要知道剩余卡片的第28张是几月几日，只要知道第28个奇数即可。

a 和 b 的解答

如上表所示，第1次取出偶数张数后剩余的卡片为最初摆放的奇数张数的卡片，第1次取出后剩余卡片的第28张为最初摆放的第28个奇数。如果将第28个奇数考虑为第28个偶数的前一个数字(当然也可以考虑第28个奇数是第27个偶数的后一个数字)，则

$$2\times 28-1=55$$

则可以计算出为55，即第1次取出后剩余卡片的第28个是从**年初开始数第55天**。

1月是大月，所以

$$55-31=24$$

a月b日为**2**月**24**日。

答案： $a=2$，$b=24$

c 的解题思路探讨

取出剩余卡片的奇数张数卡片。此时，如果能够思考出剩余卡片有哪些共同点的话，那么就可以知道9月12日是第几张。

c 的解答

我们首先思考取出第1次中剩余卡片的第奇数张后，剩余数量有哪些共同点。

最初状态	奇	偶	奇	偶	奇	偶	奇	偶	奇	偶	奇	偶	奇	偶	奇	偶	
	1	~~2~~	3	~~4~~	5	~~6~~	7	~~8~~	9	~~10~~	11	~~12~~	13	~~14~~	15	~~16~~	……

⇩

第1次取出后剩余的卡片	奇	偶	奇	偶	奇	偶	奇	偶	
	~~1~~	3	~~5~~	7	~~9~~	11	~~13~~	15	……

⇩

第2次取出后剩余的卡片	3	7	11	15	……

从上表可以看出，第2次操作后剩余的卡片是最初摆放的第3、7、11、15……张卡片。那么，是否能够发现这些数字的共同性质是：第1次取出后，剩余的卡片是偶数的前一个数，第2次取出后则是4的倍数的前一个数。

根据这一发现，计算一下9月12日是从年初开始数的第几天。

8月之前的小月为2月（28天）、4月（30天）、6月（30天），所以9月12日为

1月		2月		3月		4月		5月		6月		7月		8月		9月12日之前	
31	+	28	+	31	+	30	+	31	+	30	+	31	+	31	+	12	= 255

第255天。255正是4的倍数256的前一个数。

$$255 = 256 - 1 = 4 \times 64 - 1$$

所以255是“4的倍数的前一个数（表示为$4n-1$的数）”，即第64个数。

所以9月12日是剩余卡片中从前向后数的**第64张**。

答案：　c=64

d 的解题思路探讨

最后，对于第69张卡片是周几的问题，利用7天为一周的规律可以比较容易地计算出来。

d 的解答

与前一题的思路相同，第2次操作后剩余的卡片是最初摆放的卡片的“4的倍数的前一个数”。

	4的倍数的前一个数	第2次取出后的剩余卡片
第1张	4×1–1	3
第2张	4×2–1	7
第3张	4×3–1	11
第4张	4×4–1	15
		⋮
第69张	4×69–1	275

第2次操作后剩余的第69张是最初摆放的卡片的“4的倍数的前一个数”的**第69个数**，如上表所示，可通过下列算式计算得出 ：

$$4\times69-1=275$$

即所求为最初摆放的**第275个数**，即所求为从年初开始**第275天是周几**。下面利用7天为一周的规律求解。

$$275\div7=39\cdots\cdots2\rightarrow275=7\times39+2$$

这里不能贸然断定“余数是2，所以是周二”。但问题中“假设1月1日是周一”。故7天周期中第1天为周一时，第8天、第15天、第22天……为周一。

即从年初开始数的天数**除以7后余1的日期为周一，除以7后余2的日期为周二**。

答案 ： *d*=周二

永野之见

本题也需要实际写出来，以发现规律。但是，仅仅写出来并不能解决问题,需要通过“试验”发现第1次操作后剩余数字与第2次操作后剩余数字之间普遍成立的法则，进而在其中代入其他具体的新数字进行计算。

我们将这种从若干具体事例中类推普遍成立法则的过程称为归纳，而将普遍成立的法则代入具体事例的过程称为演绎。**解决本题需要同时具备归纳和演绎的能力。**

将具体数字代入像“距离÷时间＝速度”这种算术和数学中常见的公式中进行计算并不难。但是，实际工作生活中要处理的“问题”并不存在公式(如果有公式的话，也已经被制成手册、实现自动化，所以并不是什么困难的问题)。

那么如何解决没有公式的问题呢？这就需要具备自己独立思考、通过若干具体事例推导出“公式”然后代入具体事例的能力。从考察实际解决问题能力方面来看，本题做到了兼顾平衡，是一道好题。

相信一定也有读者对自己和孩子的“一般化能力”缺乏信心吧。其实说一般化可能有些过了，主要是找到共同点即可。

一定要**在日常生活中留意寻找共同点**，无论哪一方面都可以。例如，要去某个场所的时候，如果换乘公交、地铁，尝试寻找其中的共同点。还有观察最近一周吃过的午餐有什么共同点？关系比较好的朋友之间有什么共同点？养成一有机会就去思考的习惯(也许无法立即养成)，那么你一定会发现“都是公共交通工具”“可以在10分钟以内吃完的600日元以下的午餐”“喜欢棒球”等共同点。

本题第1次操作后剩余的数字“1、3、5、7、9、11、13……”具有都是“偶数的前一个数(奇数)”这一共同点。第2次操作后剩余的数字“3、7、11、15……”具有都是“4的倍数的前一个数”的共同点。用代数式可分别表示成$2n-1$、$4n-1$。但是这对于不擅长使用字符表达式实现一般化的小学生来说有些困难。

最后一道题应用了周期性。掰手指数出第275天是周几确实很困难，但是如果利用每周为7天的周期性的话就可以比较轻松地解决。第1题的“永野之见”当中也有写到，周期性可用于思考较大数字的一般规律。

第 3 题

整理信息、使用反证法的题目

数学奥林匹克竞赛 2008 年度 | ▸难易度： | ▸目标解题时间：10 分钟

老师在大介和平太面前如下所示摆放了 18 张扑克牌。

红桃：13、4、1　梅花：13、12、10、7、6、4

方块：7、1　　　黑桃：11、9、8、5、4、3、2

老师分别告诉两人："这 18 张扑克牌中只有 1 张是我喜欢的！我把这张牌的花色告诉大介，然后把这张牌的数字告诉平太。"下面是老师告诉两人后，两人之间的对话。

大介："我不知道老师喜欢的扑克牌的数字，而平太应该也不知道老师喜欢的扑克牌的花色。"

平太："我确实不知道。"

大介："啊！那我知道老师喜欢的扑克牌数字了。"

那么，老师喜欢的扑克牌的数字是多少？

解题思路探讨

大介和平太的逻辑思维很完美，他们可以从对方发言中的信息做出正确判断。

肯定有人觉得仅凭这些对话就能知道老师喜欢的扑克牌有些不可思议。

首先，老师仅告诉大介自己喜欢的花色，因此大介自然会说"我不知道老师喜欢的扑克牌的数字"。但是之后大介的发言则是提示。

这是因为，如果老师告诉大介的花色是梅花或黑桃的话，平太根据被告

知的数字就可以确定花色，因此大介说“平太应该也不知道老师喜欢的扑克牌的花色”就会变得很奇怪(假设告诉大介的花色是梅花的话，那么大介应该会想到可能老师告诉平太的是“12”等只在梅花中有的数字)。由此可知，老师告诉大介的花色是红桃或者方块了。

我们把“**如果○○的话就很奇怪，所以不是○○**”的论证方法称为**反证法**(将在高中篇进行说明)。

之后，平太说“我确实不知道”，有人也许会觉得这句话毫无意义，没有提供任何新的信息。然而事实并非如此。平太在听到大介的发言后(与平太一样)，应该也已经意识到老师告诉大介的花色是红桃或者方块。

即便如此仍然说出“不知道(花色)”，意味着老师告诉大介的数字应该是红桃和方块中都有的数字。

解答

为了便于大家理解，将老师摆放的18张扑克牌整理成下面的表格。

♥红桃	1			4									13
♣梅花				4		6	7			10		12	13
♦方块	1						7						
♠黑桃		2	3	4	5			8	9		11		

如果**老师告诉大介的花色是梅花或黑桃的话**，那么(可能告诉平太的是与其他花色没有重复的数字)平太可能知道花色，这与大介最初的发言“平太应该也不知道老师喜欢的扑克牌的花色”**互相矛盾**。由此可知，**老师告诉大介的花色是红桃或方块**。

♥红桃	1			4									13
~~♣梅花~~				~~4~~		~~6~~	~~7~~			~~10~~		~~12~~	~~13~~
♦方块	1						7						
~~♠黑桃~~		~~2~~	~~3~~	~~4~~	~~5~~			~~8~~	~~9~~		~~11~~		

与大介一样，平太也从大介最初的发言中了解到花色是红桃或方块。在此基础上，说出“确实不知道(花色)”，这表示老师告诉平太的数字是红桃和方块当中重复的数字，即为1。

综上所述，老师喜欢的扑克牌的数字为**1**。

答案： 1

永野之见

与本题十分相似的题目还有2015年新加坡·亚洲学校数学奥林匹克竞赛中面向14～15岁学生的一道题。

阿尔伯特和伯纳德刚刚与雪莉成为朋友。两人都想知道雪莉的生日。雪莉首先向两个人提供了以下10个备选日期。

5月15日、5月16日、5月19日
6月17日、6月18日
7月14日、7月16日
8月14日、8月15日、8月17日

然后雪莉只告诉阿尔伯特“月份”，只告诉伯纳德“日期”。下面是之后两人的对话。

阿尔伯特：“我不知道雪莉的生日，你也不知道吧？”
伯纳德：“一开始我确实不知道雪莉的生日，但是现在我知道了。”
阿尔伯特：“那我也知道了。”

请问雪莉的生日是哪一天？

这道题在网上成为热门话题，被称为“雪莉的生日”。

5月		15日	16日			19日
6月				17日	18日	
7月	14日		16日			
8月	14日	15日		17日		

假设雪莉的生日是5月或者6月，那么伯纳德可以凭借日期确认生日(假设雪莉告诉伯纳德的日期是“19日”，那么伯纳德可以通过日期知道雪莉的生日是5月19日)。但是这与仅被告知月份的阿尔伯特对仅被告知日期的伯纳德断

言“你也不知道吧”**相矛盾**。

由此可知，雪莉告诉阿尔伯特的月份是7月或8月。

~~5月~~		~~15日~~	~~16日~~			~~19日~~
~~6月~~				~~17日~~	~~18日~~	
7月	14日		16日			
8月	14日	15日		17日		

听到阿尔伯特的发言后，伯纳德也明白了这一点(雪莉的生日是7月或者8月)。

然后，**假设雪莉的生日日期是14日**，那么即使知道是7月或者8月，也依然无法确定生日。这与伯纳德的发言“我现在知道了”(如果知道7月或8月的话，可以根据日期确定生日)**相矛盾**。

由此可知，告诉伯纳德的日期并不是14日。

~~5月~~		~~15日~~	~~16日~~			~~19日~~
~~6月~~				~~17日~~	~~18日~~	
7月	~~14日~~		16日			
8月	~~14日~~	15日		17日		

最后假设雪莉的生日是8月，那么即使知道不是14日，也无法确定是8月15日还是8月17日。这与阿尔伯特所说的“那我知道了”**相矛盾**。由此可知雪莉的生日是7月。

~~5月~~		~~15日~~	~~16日~~			~~19日~~
~~6月~~				~~17日~~	~~18日~~	
7月	~~14日~~		16日			
~~8月~~	~~14日~~	~~15日~~		~~17日~~		

综上所述，可以知道**雪莉的生日是7月16日**。

在经济合作与发展组织（OECD）实施的国际学习成就调查（PISA ：以完成义务教育的15岁学生为对象）和国际教育成就评价协会（IEA）实施的国际数学·理科教育动向调查（TIMSS ：以小学四年级和初中二年级学生为对象）的最新调查当中，新加坡在所有类别中均获得第一名。详情请参见下表。

PISA前5位的国家·地区平均分（2015年调查）

数学应用能力		阅读能力		科学应用能力	
新加坡	564	新加坡	535	新加坡	556
中国香港	548	中国香港	527	日本	538
中国澳门	544	加拿大	527	爱沙尼亚	534
中国台湾	542	芬兰	526	中国台湾	532
日本	532	爱尔兰	521	芬兰	531

注：阅读能力项日本排名第8位（516）

TIMSS前5位的国家·地区平均分（2015年调查）

小4算术		小4理科		初2数学		初2理科	
新加坡	618	新加坡	590	新加坡	621	新加坡	597
中国香港	615	韩国	589	韩国	606	日本	571
韩国	608	日本	569	中国台湾	599	中国台湾	569
中国台湾	597	俄罗斯	567	中国香港	594	韩国	556
日本	593	中国香港	557	日本	586	斯洛文尼亚	551

新加坡为何会独占世界第一？

1965年，新加坡脱离马来西亚独立，当时是一个国土面积只有东京23区大小的亚洲小国。由于资源严重匮乏，新加坡十分贫穷，教育水平也落后。为了在世界上脱颖而出，政府提出“人才是最大的资源”的理念，开始大力发展教育，并将英语确定为通用语言，举全国之力提高教育水平。

现在，新加坡成为位居世界前列的贸易中心、金融中心。2007年以后，新加坡人均国民生产总值超过日本。可以说新加坡是以教育立国的。

新加坡的数学教育特点是注重“有逻辑地思考、推理问题的能力”和“向他人表达自己数学式思考的沟通能力”，而不是解决单纯的计算问题的能力。

新加坡教育部将初等数学教育的目标设定为：所有孩子可以在生活中根据数学信息做出合理的决策。在高等教育和工作生涯中利用数学技巧。

实际上，新加坡的小学生在上课时，老师甚至会带学生们到机场计算汇率，还会思考出租车乘降站的排队处最多可以容纳多少人。

通过亲身经历、经过学习可以学到哪些知识，以及如何在生活中应用所学到的知识是非常重要的。这也直接影响学生的学习态度和动力。

新加坡的数学教育在很多方面都值得我们学习。

第 **4** 题

综合知识、推论、印象解答的题目

开成中学 2006 年度　▶难易度：简单 普通 难　▶目标解题时间：20 分钟

a、b 为整数，a 大于 b。此时，针对分数$\frac{b}{a}$，将$\left\langle\frac{b}{a}\right\rangle$定义如下：

①计算 $b \div a$，小数点后无法除尽时，某一数字排列会循环出现，如下例 1、例 2 所示，将开始循环的第 1 位以后部分去掉，定义为$\left\langle\frac{b}{a}\right\rangle$。

②除法 $b \div a$ 在小数点后若干位除尽时，如例 3，则将其直接定义为$\left\langle\frac{b}{a}\right\rangle$。

例 1　$\frac{3}{11}=0.272727\cdots$　所以$\left\langle\frac{3}{11}\right\rangle=0.27$

例 2　$\frac{3}{22}=0.1363636\cdots$　所以$\left\langle\frac{3}{22}\right\rangle=0.136$

例 3　$\frac{3}{16}=0.1875$　所以$\left\langle\frac{3}{16}\right\rangle=0.1875$

（1）请计算$\left\langle\frac{17}{37}\right\rangle$及$\frac{17}{37}-\left\langle\frac{17}{37}\right\rangle$。答案用分数表示，可以约分时必须约分。

（2）在□中填入相同整数，计算$\frac{3}{\square}-\left\langle\frac{3}{\square}\right\rangle$和$\frac{3}{\square}\times\frac{1}{1\ 000\ 000}$。填入 30 以下的整数计算后，两者计算结果不等的整数仅有 3 个。请找出这 3 个整数。此外，请计算各自情况下的$\left\langle\frac{3}{\square}\right\rangle$，用小数表示。

前提知识、公式

◎有关循环小数(在某一位之后，相同数字无限重复)

表示为

$$\frac{1}{3}=0.333\cdots\cdots \Rightarrow \mathbf{0.111\cdots\cdots=\frac{1}{9}}$$

$$\frac{1}{33}=0.0303\cdots\cdots \Rightarrow \mathbf{0.0101\cdots\cdots=\frac{1}{99}}$$

$$\frac{1}{333}=0.003003\cdots\cdots \Rightarrow \mathbf{0.001001\cdots\cdots=\frac{1}{999}}$$

$$\frac{1}{3333}=0.00030003\cdots\cdots \Rightarrow \mathbf{0.00010001\cdots\cdots=\frac{1}{9999}}$$

$$\frac{1}{33\,333}=0.0000300003\cdots\cdots \Rightarrow \mathbf{0.0000100001\cdots\cdots=\frac{1}{99\,999}}$$

◎某个数字进行质因数分解(分解为质数的积)出现的质数和这些质数的乘积为该数字的约数。

例 :12＝2×2×3⇒2、3、2×2、2×3、2×2×3是12的约数。

(1)的解题思路探讨

因为题中定义了特殊记号，所以在开始前先来明确一下它的定义。可能有人会吃一惊，但是题目中也详细地列出了例子，所以不会理解不了$\left\langle\frac{b}{a}\right\rangle$符号的含义。

$\frac{17}{37}-\left\langle\frac{17}{37}\right\rangle$的值按照定义可以比较轻松地计算出来。但是由于与(2)有联系，所以还是希望将$\frac{b}{a}-\left\langle\frac{b}{a}\right\rangle$的计算一般化(公式化)。

（1）的解答

$$\frac{17}{37}=0.459459459\cdots\cdots$$

所以按照定义，

$$\left\langle\frac{17}{37}\right\rangle=0.459=\frac{459}{1000}$$

因此

$$\frac{17}{37}-\left\langle\frac{17}{37}\right\rangle=\frac{17}{37}-\frac{459}{1000}$$

上述计算虽然可得到结果。但是，通分计算的话很麻烦。是否有更简单的计算方法呢？

于是我们尝试用小数直接计算$\frac{17}{37}-\left\langle\frac{17}{37}\right\rangle$。

$$\frac{17}{37}-\left\langle\frac{17}{37}\right\rangle=(0.459459459\cdots\cdots)-0.459=0.000459459\cdots\cdots$$

这里“0.000459459……”是“0.459459459……”的千分之一，即

$$\frac{17}{37}-\left\langle\frac{17}{37}\right\rangle=0.000459459\cdots\cdots=0.459459459\cdots\cdots\times\frac{1}{1000}=\frac{17}{37}\times\frac{1}{1000}$$

如果发现这一点的话问题就可以迎刃而解了，计算起来非常简单

$$\frac{17}{37}-\left\langle\frac{17}{37}\right\rangle=\frac{17}{37}\times\frac{1}{1000}=\frac{17}{37\,000}$$

分子17是质数，无法继续约分，因此答案是$\frac{17}{37\,000}$。

答案： $\frac{17}{37\,000}$

（2）的解题思路探讨

利用(1)中$\frac{17}{37}=0.459459459\cdots\cdots$小数点后3位循环以及

$$\frac{17}{37}-\left\langle\frac{17}{37}\right\rangle=\frac{17}{37}\times\frac{1}{1000}$$

的话，

$$\frac{3}{\square}-\left\langle\frac{3}{\square}\right\rangle=\frac{3}{\square}\times\frac{1}{1\ 000\ 000}$$

即为$\frac{3}{\square}$的小数点后6位循环。

填入□的数字为1～30，逐一地计算起来还是很麻烦。这里要用到循环小数的知识(第024页)。

（2）的解答

根据$0.111\cdots\cdots=\frac{1}{9}$、$0.0101\cdots\cdots=\frac{1}{99}$、$0.001001\cdots\cdots=\frac{1}{999}$，能够推出小数点后每隔6位会出现1的0.000001000001……可表示为

$$0.000001000001\cdots\cdots=\frac{1}{999\ 999}$$

假设某数字的小数点后循环出现“123456”，则该数字可表示为

$$0.123456123456\cdots\cdots=123\ 456\times0.000001000001\cdots\cdots=123\ 456\times\frac{1}{999\ 999}$$

所以若$\frac{3}{\square}$的小数点后循环6位数的话，那么应该可表示为

$$\frac{3}{\square}=\frac{a}{999\ 999}=a\times0.000001000001\cdots\cdots\left(a=\frac{3\times999\ 999}{\square}\text{为恰当的整数}\right)$$

其表示约分$\frac{a}{999\ 999}$时为$\frac{3}{\square}$。

即□为999 999的约数。

为掌握999 999的约数，先将999 999进行质因数分解吧。

999 999的质因数分解中出现的质数和它们的乘积为999 999的约数(第024页)。

$$999\,999=3\times3\times3\times7\times11\times13\times37$$

999 999除1以外的约数为右侧所示质数的积，其中包括(9999＝3×3×11×101、99 999＝3×3×41×271的质因数中包含非999 999的质因数101、41和271，所以不包含在内)：

$$3\times3=9、3\times3\times11=99、3\times3\times3\times37=999$$

□为这些数的约数时，$\frac{3}{\square}$循环第1位～第3位，请注意。(假设□为99的约数11时，$\frac{3}{11}=\frac{27}{99}=27\times\frac{1}{99}=27\times0.0101\cdots\cdots=0.2727\cdots\cdots$)

用公式表示的话就是：

$$\frac{3}{\square}\neq\frac{b}{9}=\frac{b}{3\times3}=b\times0.111\cdots\cdots\left(b=\frac{3\times9}{\square}\text{为整数}\right)$$

$$\frac{3}{\square}\neq\frac{c}{99}=\frac{c}{3\times3\times11}=c\times0.0101\cdots\cdots\left(c=\frac{3\times99}{\square}\text{为整数}\right)$$

$$\frac{3}{\square}\neq\frac{d}{999}=\frac{d}{3\times3\times3\times37}=d\times0.001001\cdots\cdots\left(d=\frac{3\times999}{\square}\text{为整数}\right)$$

□并非9、99或999的约数，从下图可以看出，□的质因数包括7和13。

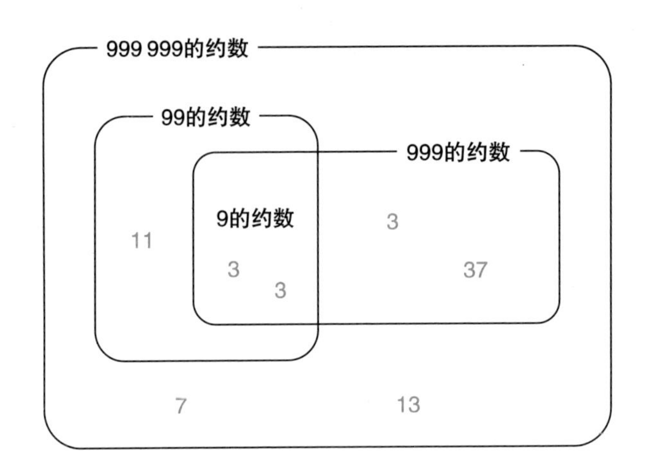

最终，**□为999 999的约数且质因数中包含7和13，**在30以内。即

□=7 或 13 或 21

综上所述，可得出 ：

$$\frac{3}{7}=0.42857142857142\cdots\cdots \Rightarrow \left\langle\frac{3}{7}\right\rangle=0.428571$$

$$\frac{3}{13}=0.230769230769\cdots\cdots \Rightarrow \left\langle\frac{3}{13}\right\rangle=0.230769$$

$$\frac{3}{21}=0.142857142857\cdots\cdots \Rightarrow \left\langle\frac{3}{21}\right\rangle=0.142857$$

答案：

7、13、21

约数为7时⇒=0.428571

约数为13时⇒=0.230769

约数为21时⇒=0.142857

永野之见

不愧是开成高中(开成高中位于东京的西日暮里，是日本国内门槛最高的高中。每年有很多开成毕业生考入东京大学、京都大学等著名院校，开成高中因此闻名——编者注)啊。(2)是特别难的一道题。

首先通过(1)的解答，

$$\frac{3}{\square}-\left\langle\frac{3}{\square}\right\rangle=\frac{3}{\square}\times\frac{1}{1\,000\,000}$$

成立的话，那么必须推出$\frac{3}{\square}$是小数点后6位循环的数。如果解答(1)的时候已经竭尽全力，解答(2)的时候会毫无头绪。

当然，还是需要你具备一定的计算能力。也有很多题目需要具备能够完成复杂计算的较高的计算能力。但与此同时，即使是对自己的计算能力有自信，经常思考如何让计算更轻松也很重要。

例如，这道概率题(该题是高中定期测试水平的题目)。

箱子中有13个白球，7个黑球。*A*、*B*、*C* 3人按照下列顺序分别取出1个球，并且不再将取出的球放回。求*C*取出黑球的概率。

C取出黑球的情况共有以下4种。

(i)A白→B白→C黑

$$\frac{13}{20}\times\frac{12}{19}\times\frac{7}{18}$$

(ii)A白→B黑→C黑

$$\frac{13}{20}\times\frac{7}{19}\times\frac{6}{18}$$

(iii)A黑→B白→C黑

$$\frac{7}{20}\times\frac{13}{19}\times\frac{6}{18}$$

(iv)A黑→B黑→C黑

$$\frac{7}{20}\times\frac{6}{19}\times\frac{5}{18}$$

答案为这四个分数之和。如果不多思考的话就会分别对4个分数进行乘法计算：

$$\frac{1092}{6840}+\frac{546}{6840}+\frac{546}{6840}+\frac{210}{6840}=\cdots\cdots$$

这样求出结果。但是，喜欢动脑筋的人会考虑保留分子的乘法(也许可以约分)：

$$\frac{13\times12\times7+13\times7\times6+7\times13\times6+7\times6\times5}{20\times19\times18}$$
$$=\frac{13\times7\times(12+6+6)+7\times6\times5}{20\times19\times18}$$
$$=\frac{13\times7\times24+7\times6\times5}{20\times19\times18}$$
$$=\frac{13\times7\times6\times4+7\times6\times5}{20\times19\times18}$$

24=6×4

$$=\frac{7\times6\times(13\times4+5)}{20\times19\times18}$$
$$=\frac{7\times6\times57}{20\times19\times18}$$
$$=\frac{7}{20}$$

约分　57=19×3

如此一来就可以避免大部分烦琐的计算(分母也按照计划完成了约分)。所以，在掌握计算能力的同时不要忘记多动脑筋，换言之就是不断问自己：**“这样做是可以的，但是有没有更加有效的方法？”**笔者认为这是解决所有问题(不仅仅是计算)时都需要具备的能力。

现在回到本题当中。

解答(2)时，即便在(1)中优化了计算方法，发现$\frac{3}{\square}$是小数点后6位循环的数(循环小数)，但距离目标仍然很远……

但是，聪明的学生都会具备一定的知识储备，可以将循环小数用$\frac{1}{9}$、$\frac{1}{99}$和$\frac{1}{999}$等形式用分数表示出来：

循环1位的循环小数：$0555\cdots\cdots=5\times0.111\cdots\cdots=5\times\frac{1}{9}=\frac{5}{9}$

循环2位的循环小数：$05656\cdots\cdots=56\times0.0101\cdots\cdots=56\times\frac{1}{99}=\frac{56}{99}$

循环3位的循环小数：$0567567\cdots\cdots=567\times0.001001\cdots\cdots=567\times\frac{1}{999}=\frac{567}{999}$

根据这些已知事实，不难类推出循环6位的循环小数$\frac{3}{\square}$为

$$\frac{3}{\square}=\frac{a}{999\ 999}$$

如上所示写出后，想到□为999 999的约数也就不是难事了。

此外，考虑999 999约数的话，想到对

$$999\ 999=3\times3\times3\times7\times11\times13\times37$$

进行质因数分解也是顺理成章的(对于参加开成中学考试的学生来说)。本题最大的难点在于之后。

□为30以下的数且为999 999的约数，同时必须是9、99和999的约数(如答案所示，是循环1～3位的数)。注意到这一点后，还需要在头脑中想到□应该是7和13的质因数(同时想到各自**约数集合的包含关系**)。这对于中学入学考

试来说是相当有难度的问题。

考入开成中学的学生数学平均分大约是60~70分，所以即使是在这些录取的学生当中，正确回答出本题(2)的孩子也不多。

总结起来，正确解答出本题所需的能力包括：

- 具备计算能力的同时兼顾优化计算。
- 有关循环小数和质因数分解的知识。
- 根据已知事实进行类推的能力。
- 想象集合包含关系的能力。
- 将每个单独的知识、推论和想象综合起来的能力

这些并不能简单地归纳为“感觉”。掌握这些能力需要日积月累，不懈努力。

这道题可以说是小升初考试的决胜关键。看到这样的题目，我发自内心地想为那些从三年级开始就走进补习班、整整三年压抑自己玩耍的欲望而埋头苦读的小学生竖起大拇指。

第 5 题

逆向思维与必要条件

AICJ 中学・东京会场 2007 年度 | ▸难易度：简单 普通 难  | ▸目标解题时间：15 分钟

如下所示，按照规则分别排列写有从 1 开始的连续整数的卡片。

①从 1 开始每隔一个数字进行排列。

②将剩余卡片排列在①中已排列好的卡片后。

例如，从 1 到 8 的 8 张卡片，进行 3 次①②的操作后，恢复至最初状态。此时，请回答下列问题。

①从 1 到 7 的 7 张卡片，需要进行多少次操作可以恢复至最初状态?

②从 1 到 5 的 5 张卡片，进行 4 次操作后可以恢复至最初状态。那么有多少种卡片进行 4 次操作后能够恢复至最初状态？请写出完成 4 次操作后所有情况下最后一张卡片的数字。

	1	2	3	4	5	6	7	8
第1次	1	3	5	7	2	4	6	8
第2次	1	5	2	6	3	7	4	8
第3次	1	2	3	4	5	6	7	8

（1）的解题思路探讨

如果是从1到7的7张卡片的话，实际操作一下也不会很麻烦。从这一点来看，可以说（1）是敦促我们进行思考试验的题目。

但是，将得到的结果与问题当中从1到8的卡片排列相比较后可以发现，卡片数量为偶数时，最后一张卡片的位置不会改变。

（1）的解答

实际操作一次。

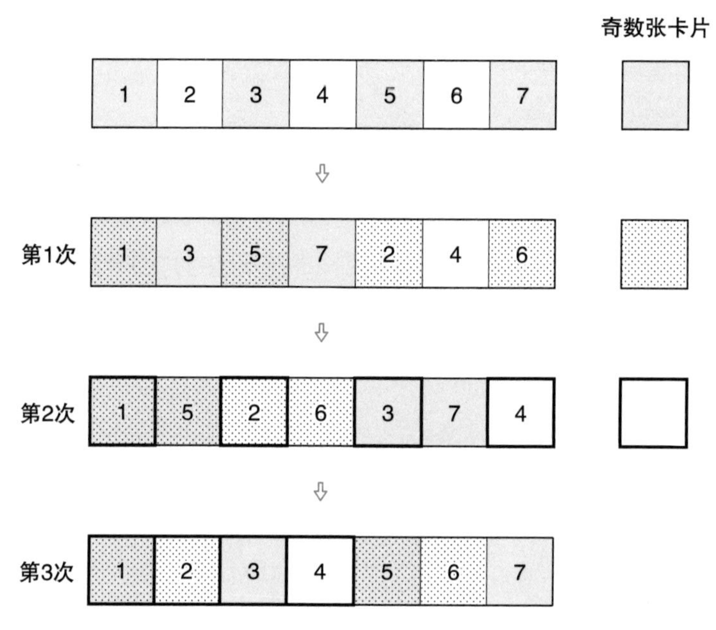

综上所述，答案为**3次**。

答案： 3次

（2）的解题思路探讨

大家是否注意到，在上面"答案"的排列末尾加上"8"之后，与问题当中"1到8"的排列是相同的。**卡片张数为偶数时最后卡片的位置不变**。

问题当中提到，"从1到5的5张卡片，进行4次操作后可以恢复至最初状态”。所以从1到6的6张卡片，进行4次操作后也可以恢复至最初状态(在1到5的卡片排列好后加上卡片6，即为1到6的卡片排列)。但是本题的难点在于必须考虑“所有”符合条件的情况。

首先尝试通过以各种张数进行思考试验来找到头绪是非常正确的想法，但是实际尝试后你会感觉这道题非常麻烦。而且即使耐心地尝试了各种张数，发现了几种可以通过4次操作返回最初状态的情况，也无法轻易下结论——包含“所有”情况。于是，笔者希望尝试一下思路转换——逆向探索。

既然同时追寻所有数字非常困难，那么先关注卡片“2”(也可以是其他数字)，思考将卡片“2”操作4次后恢复到最初状态的条件。这样一来，可能有人会觉得：只考虑“2”，即使“2”恢复了最初的状态，其他卡片也不一定会恢复最初的状态，所以只考虑卡片“2”的移动会不会没有意义？但是，“2”恢复到最初状态至少是所有数字恢复最到初状态的必要条件，所以首先思考如何满足此条件是合理的。

(2)的解答

卡片张数为偶数时，最后一张卡片的位置不会改变。

题目当中提到，“从1到5的5张卡片，进行4次操作后可以恢复至最初状态”，所以可以明确，如果是“1到6”的卡片，也可通过4次操作恢复至最初状态。

“1到3”的卡片情况如下图所示，进行2次操作后即可恢复至最初状态，即“1到4”也可以通过2次操作恢复至最初状态。

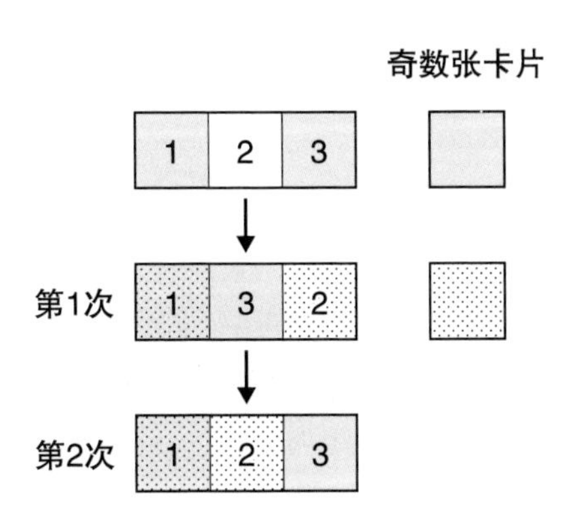

“1到7”和“1到8”的卡片如(1)所示，经过3次操作恢复至最初状态。所以下面思考排列9张以上卡片时的情况。

如果将9张以上卡片的情况全部写下来的话，估计手都要写断了。此时要思考经过4次操作即可恢复至最初状态的话，第3次的状态如何，然后再思考为了实现第3次的话第2次应该如何，这样从第4次的状态开始依次逆向思考：第4次→第3次→第2次……而不是思考第1次→第2次→……此外，最开始只关注了卡片“2”，思考卡片“2”操作4次后恢复至最初状态的条件。让我们确认一下之后满足条件时其他数字的卡片会如何变化。

另外，下图中“奇$_1$”“奇$_2$”“奇$_3$”……是指左数第1张奇数卡片、第2张奇数卡片、第3张奇数卡片……此次考虑的卡片张数是9张以上，所以请注意奇数卡片有5张以上。

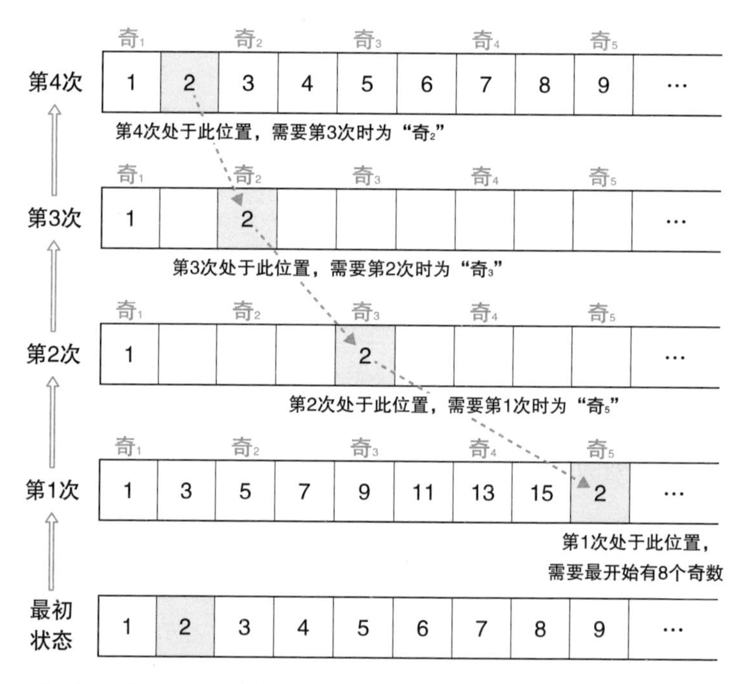

从上图可以看出，要使第4次操作后“2”回到原来位置，即左数第2个位置，需要使“2”在第3次操作结束后位于“奇$_2$”。同样，要使第3次操作结束后“2”在“奇$_2$”的位置，需要使“2”在第2次操作结束后位于“奇$_3$”。

要使第2次操作结束后“2”在“奇$_3$”的位置，需要使“2”在第1次操作结束后位于“奇$_5$”(卡数在9张以上时，一定会有“奇$_5$”，因此可以这样思考)。

最初摆放的“2”位于左数第2个(第一个偶数)位置，所以第1次操作结束后，“2”的左侧应该是所有奇数按照从小到大的顺序排列的。“奇$_5$”是从左数第9张卡，所以可以知道奇数卡共有8张。

即奇数必须是“**1、3、5、7、9、11、13、15**”共**8**个。

但是，之前只确认了“2”，所以要确认当有8个奇数时，即“1到15”和“1到16”时所有数字恢复至最初状态的情况(如一开始了解到的，卡数为偶数张时，最后一张卡片的位置不变，因此实际上只需要确认“1到15”即可，“1到15”没有问题的话，“1到16”也没有问题)。

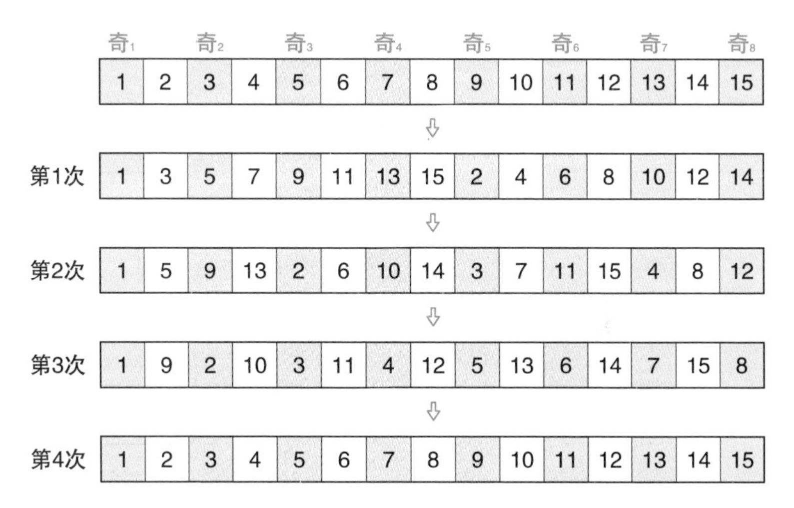

从“1到15”排列的话，4次操作后可以将所有数字恢复至最初状态。因此，从“1到16”排列时也可以经过4次操作将所有数字恢复至最初状态。

最终，4次操作后可以将所有数字恢复至最初状态的情况共有“1到5”“1到6”“1到15”“1到16”共4种情况。

由此可知，答案为**5、6、15、16**。

答案： 5、6、15、16

永野之见

不仅是这道题，只要你觉得某道题很麻烦，都可以尝试大胆地转换思路，这是非常有效的。不擅于转换思路的人请试着养成“反过来想想会怎样”的习惯。

具备转换思路所需各种视角的第一步就是具备**“逆向思维”**。

另外，无法直接说出答案时，先去思考必要条件的思路将成为解决问题强有力的武器。

例如，试想一下，我们现在要寻找新住处：要满足“距离车站近、二楼以上、自动锁”等三个条件的房子。此时，“距离车站近”是必要条件，因此首先筛选出满足“距离车站近”的房子，再从其中选择满足其他条件的房子，这是非常自然且有效的思路。

假设我们要去超市购买炸鸡所用的鸡肉时，没有人会在蔬菜区浪费时间仔细寻找，无论是谁都会直接到肉类区。这是因为要购买的是肉类。然后再到肉类区的鸡肉柜台前，仔细选购适合制作炸鸡的鸡肉。

算术和数学也是如此。寻找答案时，先根据必要条件缩小寻找的范围，之后在该范围内逐一斟酌，寻找满足条件的答案，这才是合理的过程。

下面这道高中入学考试题目也可以用这一战略去攻破。

有一个3位数，十位是5，只知道个位和百位是12的倍数。交换个位和百位的数字后，这个数成为15的倍数。请求出原来的3位数。（巢鸭高等学校）

将原来的数字的百位设为x，个位设为y。而十位为5，所以可得出

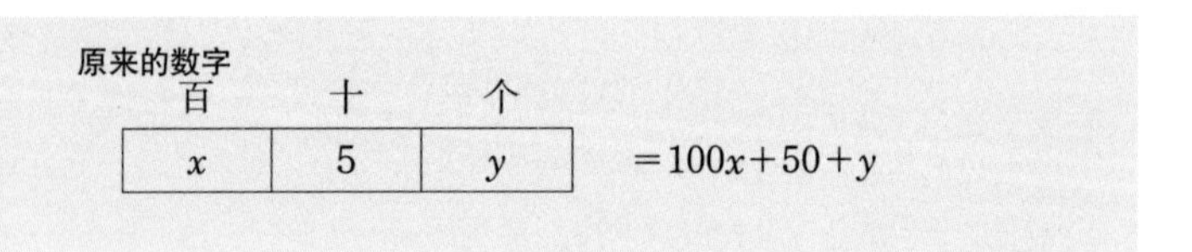

交换该数字的个位和百位后，为

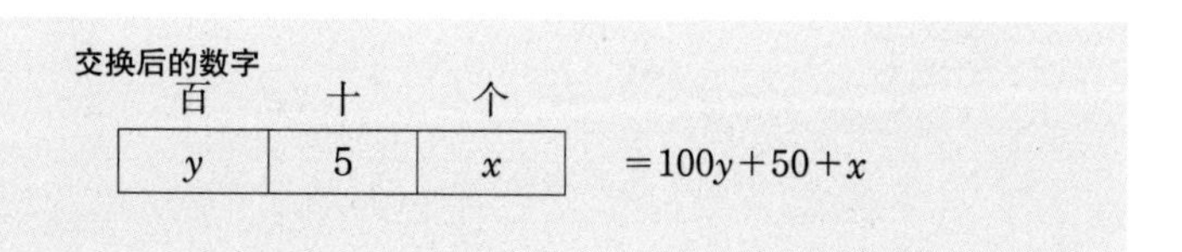

题目中写到交换个位和百位后的数字“$100y+50+x$”是15的倍数。**由于该数字是15的倍数，因此需要至少是5的倍数**，所以x是0或者5。

但是，x是原来数字的百位，所以不可能是“0”。因此

$$x=5$$

将$x=5$代入原来的数字“$100x+50+y$”当中，得到

原来的数字 ：$100x+50+y=100\times5+50+y=550+y$ ……①

接下来寻找为12的倍数的y值。**由于是12的倍数，因此需要至少是2的倍数**，所以“0、2、4、6、8”是y的候补。因为y是交换后数字的百位，所以不是0。

即y的候补为“2、4、6、8”中的某一个数字。根据①，得出

原来的数字 ：$550+y=552$或554或556或558

原来的数字的候补缩小为“552、554、556、558”中的某一个数字。**之后思考这些数字是否为12的倍数。**

$$\mathbf{552=12\times46}$$
$$554=12\times46+2$$
$$556=12\times46+4$$
$$558=12\times46+6$$

因此，为12倍数的只有“552”。

最后思考**552的个位和百位交换后是否为15的倍数**（如果不是15的倍数的话，则本题“无解”）。交换后的数字为“255”。

$$255 = 15 \times 17$$

因此满足条件。

综上所述，原来的3位数是552。

通常，“$P \Rightarrow Q$”（⇒表示“如果…那么”，是一个逻辑符号）的命题（能够客观判断真伪的情况）为真时，将P称为Q的充分条件，将Q称为P的必要条件。

$P \Rightarrow Q$为真时

充分条件　必要条件

例如：“人类⇒哺乳类”是真命题，所以：

哺乳类是人类的必要（的）条件

人类是哺乳类的充分（的）条件

充分条件、必要条件这些都是高中数学的内容，而本题实际在让学生尝试理解“通过必要条件缩小范围→思考满足条件”这一步，这是探索答案的合理步骤。

即使是对成人来说，解答本题也并非易事。但如果是培养了良好逻辑思维能力的小学生的话，也不是没有解开的可能。从直接挖掘逻辑思维能力本身，而不是凭感觉或知识这一点来说，这是一道好题。

需要辅助线的题目

滩中学 2005 年度 ▸难易度：简单 普通 难 ▸目标解题时间：20 分钟

问题

右图中，AC 长度为 10 cm，AF 长度为 6 cm，当

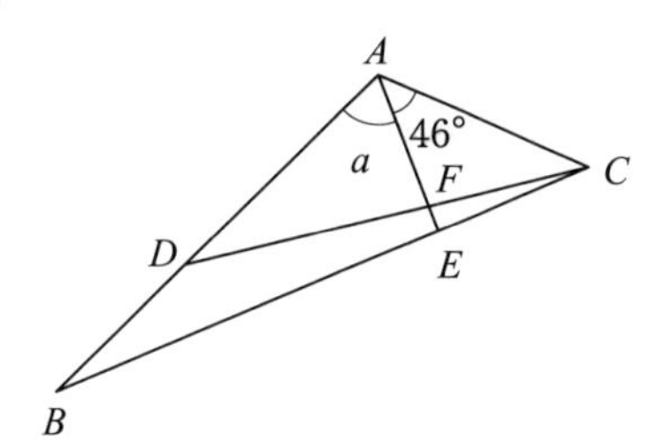

AD 长度：BD 长度 =3:2

BE 长度：EC 长度 =5:2

时，图中 a 的角度是。

前提知识、公式

◎三角形与线段之比的关系

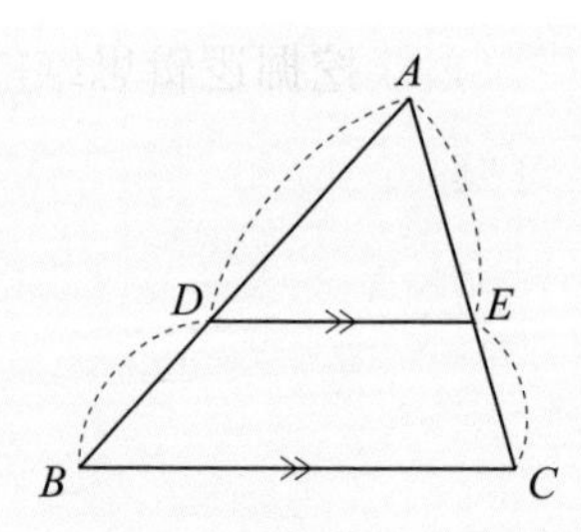

在左图△ABC中，

$DE//BC \Leftrightarrow AD:BD=AE:EC$

◎平行线中内错角的性质

两条直线l、m与其他直线相交时，如果$l // m$，则内错角相等。

◎四边形成为平行四边形的条件

(i)两组对边平行。
(ii)两组对边长度相等。
(iii)两组对角相等。
(iv)一组对边平行且长度相等。
(v)对角线相互二等分。

◎三角形的全等条件

(i)三边长度相等。

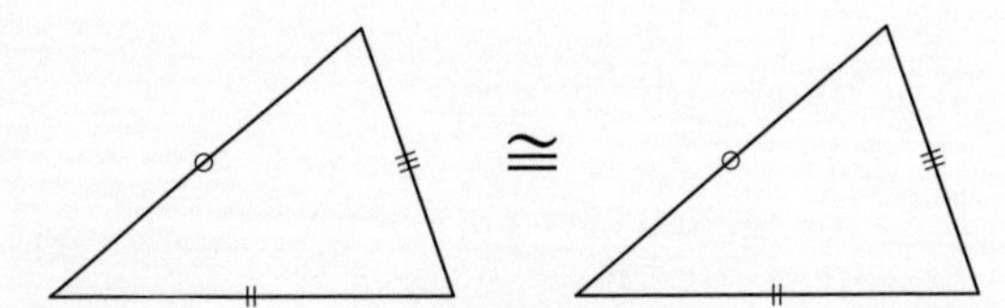

(ii)两边长度及其夹角相等。

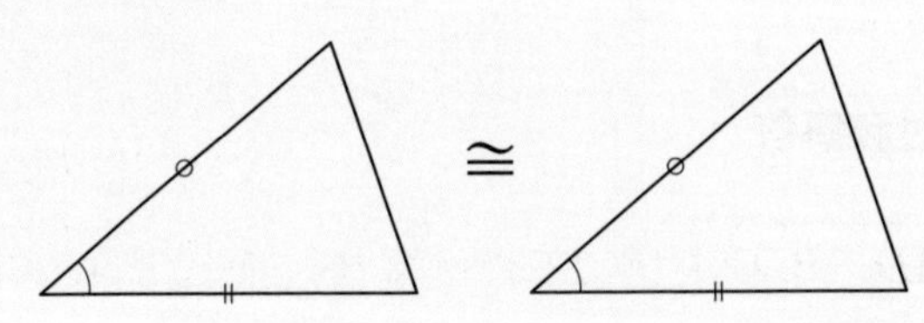

(iii)一边长度及其两端的角度相等。

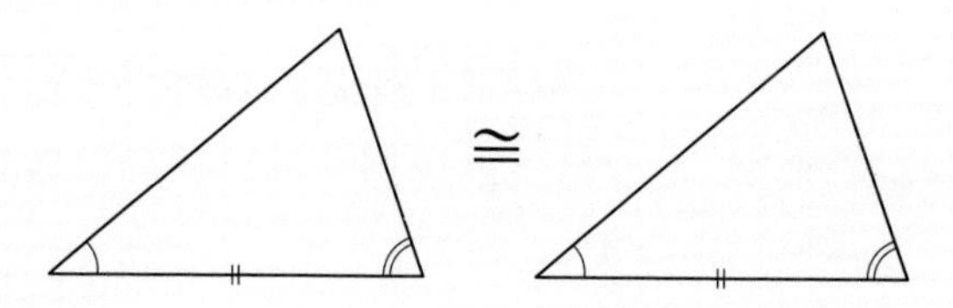

◎对顶角相等

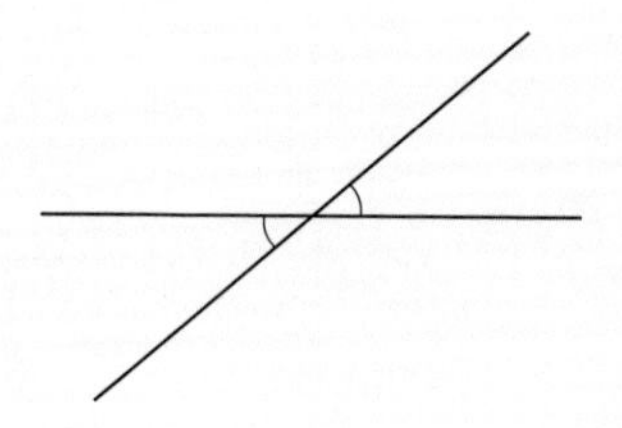

◎等腰三角形的底角相等

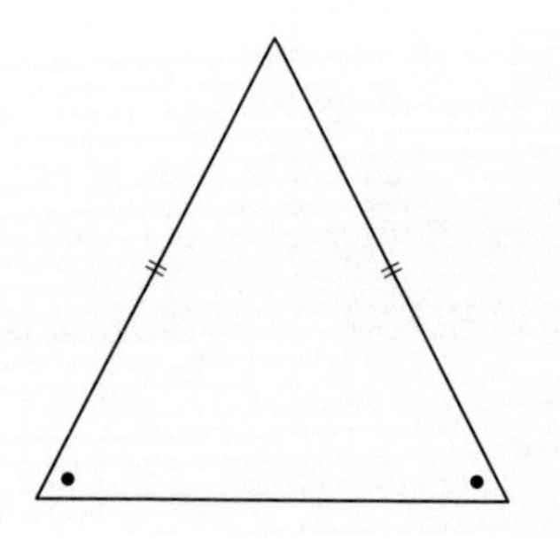

解题思路探讨和解答

题目给出了AD、BD和BE、EC长度之比，而只有AC与AF给出了具体的长度，这让人感到有些奇怪。此外，还会有人觉得具体的长度对于求出角度并没有什么用处(即使大小相差很多，相似图形对应角的角度也是相同的)。AC长度为10 cm、AF长度为6 cm，所以可以得出

$$AC : AF = 5 : 3 \quad \cdots\cdots①$$

这样的长度之比。但是，AC与AF分别位于不同的线段上，因此这个比例关系并不建议随意使用，最好是将该比例关系移至同一条线段上。我们尝试将AE延长至与AC相同的长度。

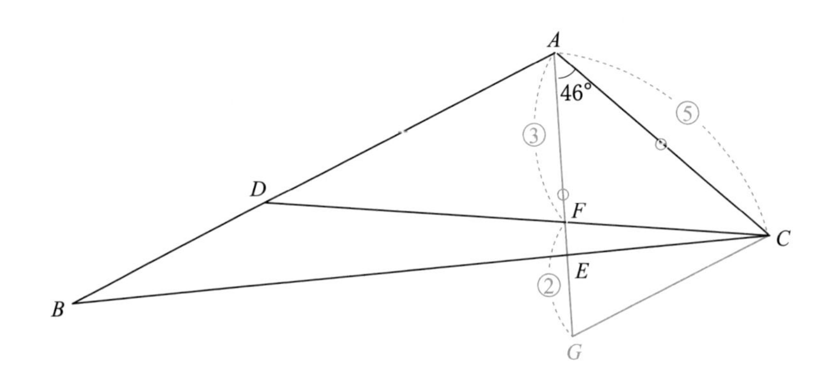

上图中$AC=AG$。$AC : AF=5 : 3$，所以

$$AF : FG = 3 : 2 \quad \cdots\cdots②$$

如此一来，可以发现具有相同比例的$AD : DB=3 : 2$。

连接B和G，在三角形ABG当中，由②可知$AD : DB=AF : FG$，根据三角形与线段之比的关系

$$DF // BG \quad \cdots\cdots③$$

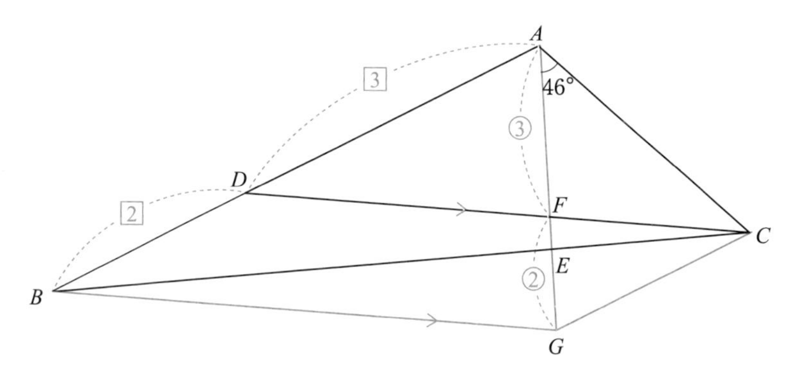

那么，3个条件中还有$BE:EC=5:2$没有使用，所以接下来考虑一下如何使用该条件。可能需要你进一步画出辅助线。最好是做已有直线的平行线或垂线。本题最终需要求出角度，因此试着考虑(可以利用平行线的内错角性质)引出平行线。

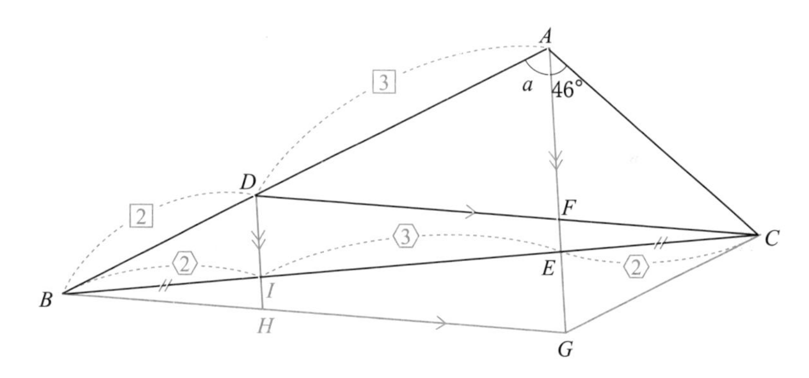

由D引出与AG平行的直线，与BE交与I点，与BG交于H点。在$\triangle BEA$中，

$$DI//AE \quad \cdots\cdots④$$

所以根据三角形与线段之比的关系为$BI:IE=2:3$。

结合$BE:EC=5:2$，可得出

$$BI:IE:EC=2:3:2$$
$$\Rightarrow BI=CE \quad \cdots\cdots⑤$$

推导到这里，会不会觉得如果$AB /\!/ GC$就好了？这样的话所求角度a和$\angle AGC$为**平行线内错角的关系**，而且$\triangle AGC$是等腰三角形，很容易就能求出a的角度！

这里想证明**四边形$DBGC$是平行四边形**。证明四边形为平行四边形的方法很多，这里使用**"一组对边平行且长度相等"**。

四边形$DHGF$是平行四边形，所以可知$DF=HG$。之后只要知道$FC=HB$，即可知$DC /\!/ BG$且$DC=BG$，四边形$DBGC$为平行四边形。

接下来思考如何证明$FC=HB$。只要想到$\triangle FCE \cong \triangle HBI$即可。

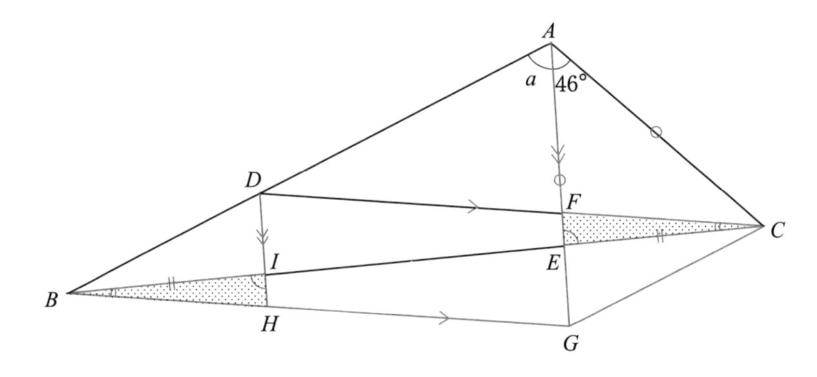

在$\triangle HBI$与$\triangle FCE$中，由③可知$DC /\!/ BG$，所以

$$\angle HBI=\angle FCE\text{（内错角）} \quad \cdots\cdots⑥$$

同样由④可知$DH /\!/ AG$，所以

$$\angle DIE=\angle GEI\text{（内错角）}$$

其各自的对顶角相等，所以

$$\angle HIB=\angle FEC \quad \cdots\cdots⑦$$

由⑤、⑥、⑦可知一条边长度及其两端的角度相等，所以

$$\triangle HBI \cong \triangle FCE$$
$$\Rightarrow BH = CF \quad \cdots\cdots ⑧$$

这里，由③、④可知四边形$DHGF$为平行四边形，所以

$$HG = FD \quad \cdots\cdots ⑨$$

由⑧、⑨可知

$$BG = BH + HG = CF + FD = CD$$
$$\Rightarrow BG = CD \quad \cdots\cdots ⑩$$

此外，由③当然可知

$$BG /\!/ CD \quad \cdots\cdots ⑪$$

由⑩、⑪可知四边形$DBGC$的一组对边平行且长度相等，所以其为平行四边形，由此可知

$$AB /\!/ GC$$

根据平行线与错角的关系，可得出

$$\Rightarrow a = \angle AGC = (180° - 46°) \div 2 = 134° \div 2 = 67°$$

答案： 67°

永野之见

笛卡尔对于几何学曾如是说："（几何学）仅限于观察图形，因此不穷尽想象力则无法增强理解力。"

笛卡尔可以说是人类历史上头脑最为清晰的人之一，可即便如此，他也为图形问题所困扰。他感受到的这个几何学特有的困难成为了他发明坐标的契机。

想必大家都有过类似的经历，对于图形题，即使已经做过不少的练习题，但是只要稍有变化，就很难发现突破口。很多时候知道答案后会恍然大悟："啊，原来如此！"但是开始看到问题的时候却悲观地认为自己绝对不可能解答出来。这是因为与用公式解答的题目相比，图形题的变化更多，很难实现模式化。

从这点来看，除了最基本的题目之外，对多数图形题感到棘手也是很正常的。其中，类似本题这种需要很多步骤的题目也是初中入学考图形题中难度最高的。

本题主要考察学生是否能够引出两根辅助线AG（EG）和DH。

毫无目的地引出辅助线只会让图看起来更加混乱，对解决问题毫无帮助。**必须战略性地引出辅助线**。本题之所以会引出AG是因为我们希望将比例放在同一线段上，之所以会引出DH是因为引出平行线可能会增加信息。下面我们来看一看如何做辅助线。

如何做辅助线

做辅助线最基本的是引出已有直线的平行线或垂线。

引出平行线后，会增加内错角和同位角相等的信息，还可以使用三角形和线段之比的关系。引出垂线后，会出现直角三角形，可以使用勾股定理。即在引出**平行线**和**垂线**之前就可以期待会出现更多信息。

下面这道题也是通过引出平行线作为辅助线解决的题目。此外，该题如果使用三角形角平分线定理可以轻松地得出答案，但是这里假设不知道该定理，所以使用辅助线来解答。

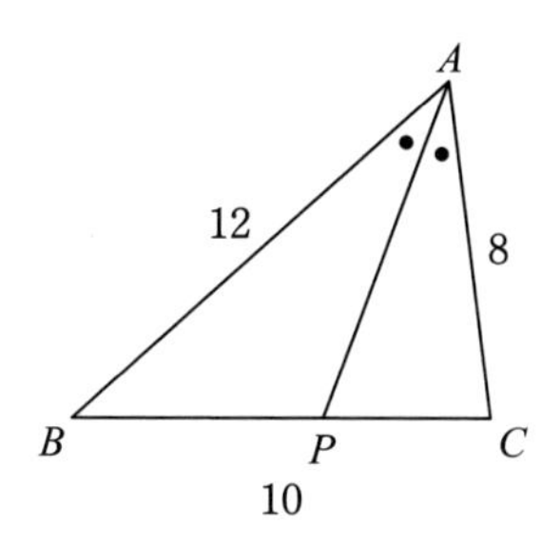

如上图所示，在△ABC中，$AB=12$ cm，$BC=10$ cm，$CA=8$ cm。AP为∠BAC的角平分线时，求BP的长度。

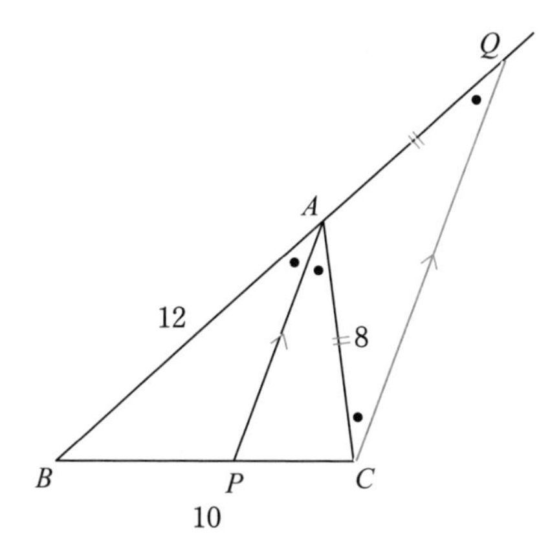

如上图所示，由C引出与∠BAC的角平分线AP平行的辅助线，与BA的延长线交于Q点。由此可得出

$$PA/\!/CQ$$

所以

$$\angle BAP=\angle AQC\text{（同位角）}$$
$$\angle CAP=\angle ACQ\text{（内错角）}$$
$$\angle BAP=\angle CAP\text{（}AP\text{为}\angle BAC\text{的平分线）}$$

通过辅助线增加的信息

所以$\angle AQC=\angle ACQ$，即$\triangle ACQ$为等腰三角形，所以

$$AC=AQ \quad \cdots\cdots①$$

而在$\triangle BCQ$中，由$PA/\!/CQ$可知

$$BP:PC=BA:AQ$$

由①可知

$$BP:PC=AB:AC=12:8=3:2$$

所以

$$BP=BC\times\frac{3}{5}=10\times\frac{3}{5}\Rightarrow BP=6$$

相信大家都可以看出，通过在$\angle BAC$的角平分线AP上引出平行辅助线CQ，出现了相等的同位角和内错角，信息一下子增多了。

补充：三角形角平分线定理

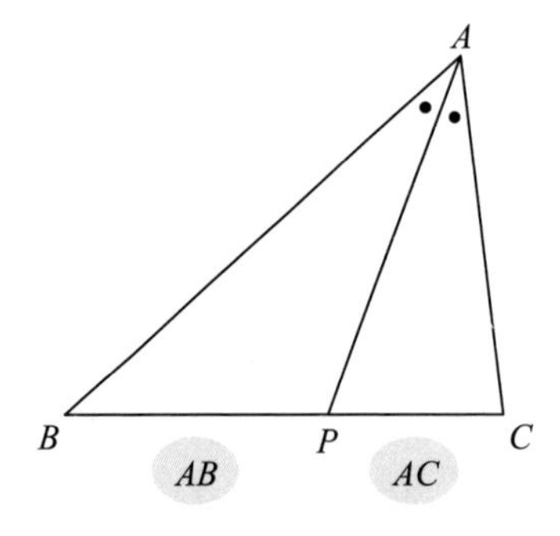

通常，在$\triangle ABC$中，$\angle BAC$的角平分线与BC交于P点时，

$$BP:PC=AB:AC$$

成立。上面的答案即为该定理的证明过程。

不擅于在图形题目中引出辅助线的人请尝试引出已有直线的平行线或垂线。

第二章

初 中 篇

初中三年级学生虽然已经学习了使用文字式和解二次方程的方法，但从整体来看，数学方面的技能和知识仍处于刚刚起步的阶段。特别是在代数领域(方程式)和解析领域(函数)，只不过是巩固了刚刚入门的基础。

但是在几何(图形)方面，学习的内容几乎与高中数学所学难度相当。纵观整个数学史，可以发现古希腊的几何学率先取得了飞跃性发展。这是因为几何并不像代数和解析一样需要很多的知识和技能。因此，与其他章节相比，本章的几何题目更多。

解答几何题目容易依赖灵光闪现。而本书的内容则是从逻辑和战略的角度出发，像不断添砖加瓦一样向各位读者介绍，帮助大家切实掌握在他人看来是灵光闪现的想法。

第 7 题

需要“分割困难”的题目

庆应义塾女子高等学校 2016 年度 | ▸难易度： | ▸目标解题时间： 5 分钟

从线段上的原点 0 出发，向右移动掷出骰子后出现的数字，并在该位置处做标记，然后再次向右移动掷出骰子后出现的数字，并不断重复。当 A、B 两点的坐标分别为 2、4 时，请回答下列问题。

（1）请求出掷 2 次骰子时，点 B 处有标记的概率。

（2）请求出掷 4 次骰子时，点 A 和点 B 处均有标记的概率。

前提知识、公式

◎概率的求法

假设可能发生的情况共有n种，全部有**同等发生的可能性**(指可能发生的每种情况当中，任意一种情况都具有同等发生的可能性。可以说骰子各个面出现的概率均相同)。此时，某事件A可能发生的情况有a种，则A可能发生的概率如下所示[$P(A)$为*probability of event A*的缩写]。

$$P(A)=\frac{a}{n}$$

（1）的解题思路探讨

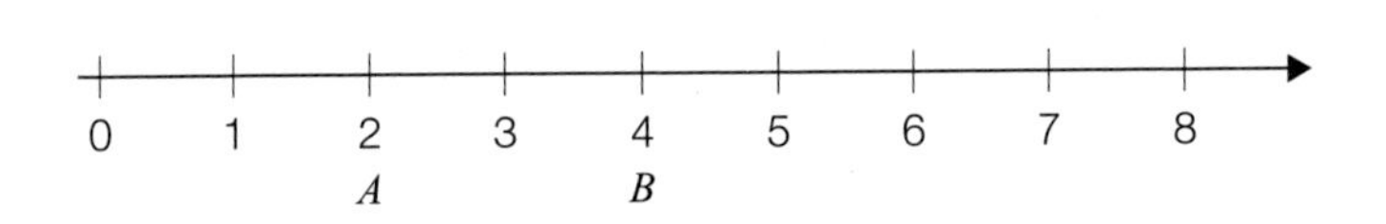

点B处有标记，则表示第1次结束时在B、第2次结束时在B两种情况中的任意一种。

（1）的解答

将第1次掷骰子时出现的数字设为x，第2次掷骰子时出现的数字设为y，则B处有标记为以下(i)或(ii)中的任意一种情况：

(i)$x=4$时

$(x,\ y)=(4,\ 1)(4,\ 2)(4,\ 3)(4,\ 4)(4,\ 5)(4,\ 6)$共**6种**。

(ii)$x+y=4$时

$(x,\ y)=(1,\ 3)(2,\ 2)(3,\ 1)$共**3种**。

而掷2次骰子时出现的数字共有

$6\times6=$**36种**

由此可知，所求概率为

$$\frac{6+3}{36}=\frac{9}{36}=\frac{1}{4}$$

答案： $\frac{1}{4}$

（2）的解题思路探讨

思考投掷4次时出现的情况会有些麻烦。让我们将第1次出现的数字分为不同情况来思考。

（2）的解答

将第1次掷骰子时出现的数字设为x，第2次掷骰子时出现的数字设为y，第3次掷骰子时出现的数字设为z，第4次掷骰子时出现的数字设为w。

(i)$x=1$时

A处有标记的仅有第2次出现的数字为$y=1$这一种情况。

而B处有标记的有第3次前进到B和第4次前进到B这两种情况。

第3次前进到B为$z=2$，与w无关。第4次前进到B为$z=1$或$w=1$。

综上所述，

(x, y, z, w)
$=(1, 1, 2, 1)(1, 1, 2, 2)(1, 1, 2, 3)(1, 1, 2, 4)$
$(1, 1, 2, 5)(1, 1, 2, 6)(1, 1, 1, 1)$**等7种**

(ii)$x=2$时：

标记已经位于A处，因此在B处有标记的情况为第2次前进到B或第3次前进到B中的1种（剩余刻度为2，因此不可能在第4次前进到B）。

第2次前进到B为$y=2$，**与z、w无关**。第3次前进到B为$y=1$且$z=1$，**与w无关**。

综上所述，

6×6=36种

(x, y, z, w)
$=(2, 2, 1, 1)(2, 2, 1, 2)\cdots(2, 2, 6, 6)$
$(2, 1, 1, 1)(2, 1, 1, 2)(2, 1, 1, 3)$
$(2, 1, 1, 4)(2, 1, 1, 5)(2, 1, 1, 6)$共$36+6=42$种

(iii)$x\geqslant3$时：

标记会超过A，因此没有符合条件的情况。

而掷4次骰子时出现数字的情况共有

$6^4=$**1296种**

综上所述，所求概率为

$$\frac{(7+42)}{1296}=\frac{49}{1296}$$

答案： $\frac{49}{1296}$

永野之见

笛卡尔在他的著作《方法论》中曾说道 ："将困难分割。"相信很多人知道这句名言。当遇到困难或(看起来)麻烦的问题时，将问题分为多种不同的情况思考，而不是一下子思考整体，这就是分割困难。

特别是本题的(2)，乍一看可能会觉得非常麻烦。但是如果按照第1次掷出的数字分为不同情况后，是不是感觉像打拍子一样简单？

通常，将类似于"所有的乌鸦都是黑色的"，这种提到构成一个集合的所有要素的命题称为**全命题**。例如，"总共有多少个？""所有的……是……"等，**当需要调查某对象整体时，则"分情况"十分有效。**

例如，"请证明将n设为整数时，n^2除以3的余数一定是0或1"这个命题。

可能有人会觉得非常棘手。而如果按照n除以3有余数的情况进行分类的话，则可以相对轻松地解开。

(i)$n=3k$时（k为整数）

$$n^2=(3k)^2=9k^2=3\times 3k^2 \rightarrow \text{除以3后余数为0}$$

(ii)$n=3k+1$时（k为整数）

$$n^2=(3k+1)^2=9k^2+6k+1=3(3k^2+2k)+1 \rightarrow \text{除以3后余数为1}$$

(iii)$n=3k+2$时（k为整数）

$$n^2=(3k+2)^2=9k^2+12k+4=3(3k^2+4k+1)+1 \rightarrow \text{除以3后余数为1}$$

根据(i)(ii)(iii)，n^2除以3的余数一定是0或1。

（证明完毕）

分不同情况将整体进行分解，只要解出第一种情况，大多可在接下来的情况中采用相同的思路。这种理论以最开始的情况为基础，不断累积，因此被称为“**登山法**”。

学生们经常会问：“哪些时候需要分情况？”对此笔者的回答是：“当思考整体很难时。”笔者对于这样抽象的回答感到有些抱歉，在你感到“真麻烦啊”“好难啊”的时候，**要有“将问题分割”的思路**。请在不同的场合下尝试分割困难吧！

第 **8** 题

演绎题

东大寺学园高等学校 2012 年度 | ▸难易度：简单 普通 难 | ▸目标解题时间：10 分钟

问题

将自然数倒数表达为 2 个自然数倒数之和。

例如，$\frac{1}{2}$ 有 $\frac{1}{3}+\frac{1}{6}$、$\frac{1}{4}+\frac{1}{4}$ 共 2 种，$\frac{1}{3}$ 有 $\frac{1}{4}+\frac{1}{12}$、$\frac{1}{6}+\frac{1}{6}$ 共 2 种，$\frac{1}{4}$ 有 $\frac{1}{5}+\frac{1}{20}$、$\frac{1}{6}+\frac{1}{12}$、$\frac{1}{8}+\frac{1}{8}$ 共 3 种表达方式。请回答下列问题。

（1）针对自然数 n，用 n 表示满足 $\frac{1}{n}=\frac{1}{n+p}+\frac{1}{n+q}$ 的 p、q 之积。

（2）用 2 个自然数倒数之和表达 $\frac{1}{6}$ 时，写出所有的表达式。

（3）用 2 个自然数倒数之和表达 $\frac{1}{216}$ 时，共有多少种表达式。

前提知识、公式

◎乘法公式

$$(x+a)(x+b)=x^2+(a+b)x+ab$$

◎质因数分解的结果与约数个数之间的关系

当某数N的质因数分解结果为$N=p^m q^n$时，N的约数个数为（$m+1$）（$n+1$）个。

例如，$24=2^3\cdot 3^1$，因此24的约数个数为$(3+1)\times(1+1)=8$个。

实际24的约数为：

$2^0\times3^0=1\times1=1$、$2^1\times3^0=2\times1=2$、$2^2\times3^0=4\times1=4$、$2^3\times3^0=8\times1=8$

$2^0\times3^1=1\times3=3$、$2^1\times3^1=2\times3=6$、$2^2\times3^1=4\times3=12$、$2^3\times3^1=8\times3=24$

共8个。

（1）的解题思路探讨

初中一年级学生学习一次方程式在遇到

$$\frac{2}{3}x-\frac{1}{2}x=\frac{1}{3}$$

等含有分数的方程时，将分母去掉进行计算的话会比较轻松(在分数式的两边乘以适当的文字或数字，变为没有分数的形式，称为“去分母”)。

$$\left(\frac{2}{3}x-\frac{1}{2}x\right)\times6=\frac{1}{3}\times6\Rightarrow4x-3x=2\Rightarrow x=2$$

于是按照相同的方法将文字式的分母去掉。

（1）的解答

$$\frac{1}{n}=\frac{1}{n+p}+\frac{1}{n+q}$$

$$\Rightarrow\frac{1}{n}\times n(n+p)(n+q)=\left(\frac{1}{n+p}+\frac{1}{n+q}\right)\times n(n+p)(n+q)$$

$$\Rightarrow(n+p)(n+q)=n(n+q)+n(n+p)$$

$$\Rightarrow n^2+(p+q)n+pq=2n^2+(p+q)n$$

$$\Rightarrow pq=n^2$$

答案： $pq=n^2$

（2）的解题思路探讨

题目当中写到了用2个自然数倒数之和表达$\frac{1}{2}$、$\frac{1}{3}$和$\frac{1}{4}$的示例，但是仅凭这些无法解决问题。于是我们需要利用(1)中求得的文字式。

（2）的解答

根据(1)，

$$\frac{1}{n}=\frac{1}{n+p}+\frac{1}{n+q}\Rightarrow pq=n^2$$

所以当$n=6$时，

$$\frac{1}{6}=\frac{1}{6+p}+\frac{1}{6+q}\quad\cdots\cdots①\Rightarrow pq=6^2=36$$

而题目要求“用2个自然数倒数之和表达$\frac{1}{6}$”，由此可知p和q为满足

$$pq=36、6+p>0、6+q>0\quad\cdots\cdots②$$

的整数。

但是(从题目中所列举的示例也可看出)，如$(p,\ q)=(1,\ 36)$、$(36,\ 1)$，只要思考代入p和q时出现的相同组合中的任意一种即可。于是，我们来思考满足②条件的整数p、q中$p\leq q$的情况，即

$$(p,\ q)=(1,\ 36)(2,\ 18)(3,\ 12)(4,\ 9)(6,\ 6)$$

分别代入①后即可得出答案。

$$\frac{1}{6}=\frac{1}{6+1}+\frac{1}{6+36}=\frac{1}{7}+\frac{1}{42}$$

$$\frac{1}{6}=\frac{1}{6+2}+\frac{1}{6+18}=\frac{1}{8}+\frac{1}{24}$$

$$\frac{1}{6}=\frac{1}{6+3}+\frac{1}{6+12}=\frac{1}{9}+\frac{1}{18}$$

$$\frac{1}{6}=\frac{1}{6+4}+\frac{1}{6+9}=\frac{1}{10}+\frac{1}{15}$$

$$\frac{1}{6}=\frac{1}{6+6}+\frac{1}{6+6}=\frac{1}{12}+\frac{1}{12}$$

答案： $\frac{1}{7}+\frac{1}{42}$，$\frac{1}{8}+\frac{1}{24}$，$\frac{1}{9}+\frac{1}{18}$，$\frac{1}{10}+\frac{1}{15}$，$\frac{1}{12}+\frac{1}{12}$

（3）的解题思路探讨

我们可以按照与(2)相同的方法思考。但是此次并不是要写出所有答案，而是问“共有多少种”，因此要用到“质因数分解的结果与约数个数之间的关系”。

（3）的解答

根据(1)，

$$\frac{1}{n}=\frac{1}{n+p}+\frac{1}{n+q}\Rightarrow pq=n^2$$

所以当$n=216$时，

$$\frac{1}{216}=\frac{1}{216+p}+\frac{1}{216+q}\Rightarrow pq=216^2$$

与(2)相同，p和q为满足

$$pq = 216^2,\ 216 + p > 0,\ 216 + q > 0、p \leqslant q \quad \cdots\cdots ③$$

的整数。

③的条件如下图所示[(x坐标和y坐标均为整数点。最好可以记住$6^3 = 216$。此外还用到了$(a^m)^n = a^{m \times n}$和$(ab)^n = a^n b^n$幂的运算法则)]。

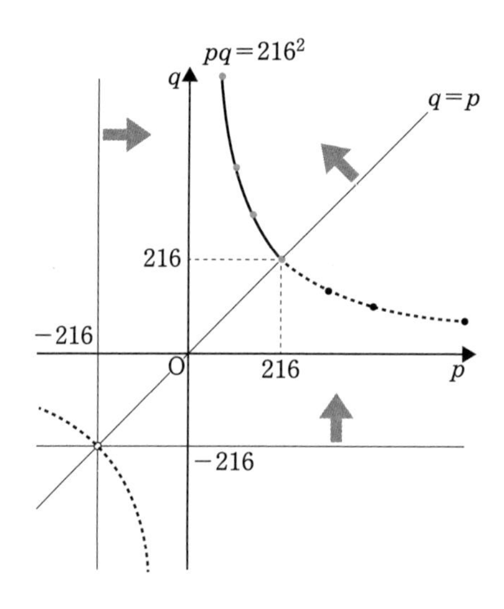

如图所示，满足③的(p, q)为**pq=216²的点中，p坐标为0<p≤216的点**。

$pq = 216^2$的点中，$0 < p$的点的个数等于216^2的约数个数，因此首先计算216^2的约数个数。

$$216^2 = (6^3)^2 = 6^6 = (2 \times 3)^6 = 2^6 \times 3^6$$

根据"**质因数分解的结果与约数个数之间的关系**"，216的约数个数为：

$$(6+1)(6+1) = \textbf{49个}$$

此外，$pq = 216^2$的点与直线$q = p$呈对称分布，因此可计算出满足③的(p, q)个数最终为：

$$(49 - 1) \div 2 + 1 = \textbf{25个}$$

综上所述，“用2个自然数倒数之和表达$\frac{1}{216}$”时的表达方式有**25种**。

答案： 25种

永野之见

如果让我用一句话概括算术和数学的不同的话，可以说数式中不使用文字的为算术，数式中使用文字的为数学。

那么为何要在数式中使用文字呢？这是因为我们希望**将得到的思路和解法一般化**。公式和定理都是通过文字来表达的。使用文字表达的话，可以演绎处理以后所有的相似题目，大大减少工作量。

本题(1)正是用文字式思考“用2个自然数倒数之和表达自然数倒数”时成立的性质，从而使得在思考(2)(3)的具体数字问题时变得轻松很多。

而如果同样的问题采用算术方法而不使用文字式的话，那么解题思路会变得极其困难。

用算术方法解题很困难，但是用数学方法解题则比较简单，因此这是一道能够让我们体验演绎处理乐趣的好题。

有很多孩子擅长算术，但是到了初中之后对数学就不擅长了。这是因为演绎处理的训练不够。为提高演绎处理的悟性、技术，笔者推荐大家重新学习初中一年级的“**文字式的应用**”单元。

让我们从“请用文字式表达半径为r cm的圆的面积”和“请证明偶数与偶数之和为偶数”等问题开始吧。换言之，找到在具体和抽象之间自由行走的感觉十分重要。

这里可能会有人觉得:“不对，用算术计算梯形面积时，用到了

$$(\text{上底}+\text{下底})\times\text{高}\times\frac{1}{2}$$

这不是演绎处理吗？”对，这正是演绎处理。但是算术当中能够用于演绎处理的“公式”要远比数学少。

经常会听到这样的声音 :“公式确实已经记住了，但是不知道应该什么时候使用。”这样的学生基本上会完整地背诵公式，但是如果题目要求“证明一下”的时候，就无法完成了。

“死记硬背”是无法正确输出公式的罪魁祸首。

下面以梯形的面积公式为例进行说明。例如，请求出下图梯形的面积。

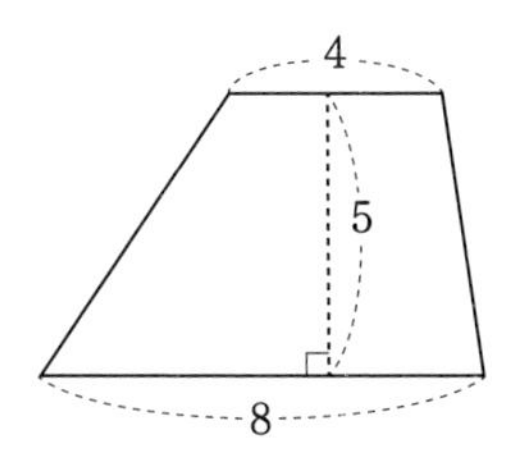

如果不知道公式的话，应该如何求出？

读过本书的读者应该会回答:“很简单。分别求出两个三角形的面积即可。”我们尝试计算一下。

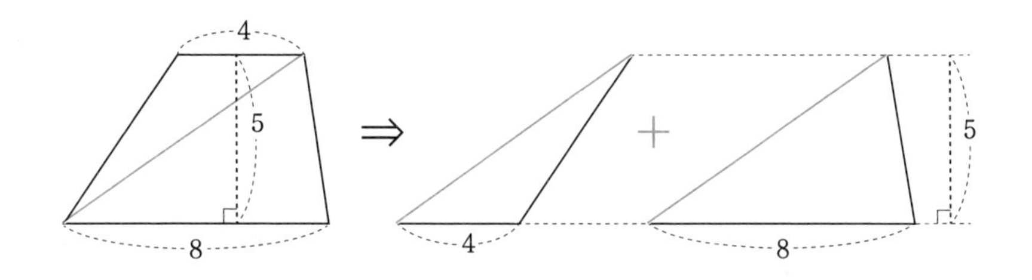

$$4 \times 5 \times \frac{1}{2} + 8 \times 5 \times \frac{1}{2} = (4+8) \times 5 \times \frac{1}{2} = 30$$

显而易见，梯形的面积公式只不过是将上述数式中蓝字部分换成了文字。

那么，接下来是重要的部分。如上所述，能够想到将梯形分成两个三角形的人想要使用梯形的面积公式时，应该可以运用自如吧？

这里要说的重点是，能够正确输出公式的人，即便不使用公式也可以得到答案。虽然不使用公式也可以得到答案，但是计算起来很麻烦(耗费时间)，于是使用公式进行演绎处理。这样的人自然而然能够将公式运用自如。

为此，我们**一定要亲自证明公式**。如果能够推导出公式，那么即便记不住公式，也可以解出问题。

第 9 题

改变立场、转变思路的题目

桐阴学园高等学校 2016 年度 | ▸难易度：简单 普通 难 | ▸目标解题时间：15 分钟

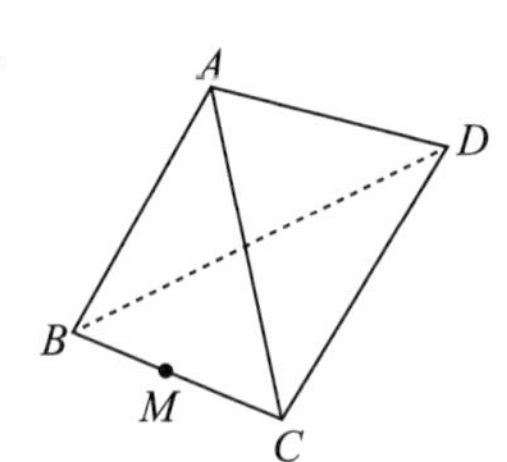

如右图所示有四面体 $ABCD$，$AB=BC=CA=4$、$DA=DB=DC=6$。边 BC 的中点为 M。

此时，请回答下列□中应该填入的数字。

（1）$AM=\boxed{a}\sqrt{\boxed{b}}$、$DM=\boxed{c}\sqrt{\boxed{d}}$。

（2）从点 A 引出△ BCD 的垂线 AH 时，$AH=\dfrac{\sqrt{\boxed{e}\boxed{f}}}{\boxed{g}}$。

（3）四面体 $ABCD$ 的体积为 $\dfrac{\boxed{h}\sqrt{\boxed{i}\boxed{j}}}{\boxed{l}}$。

（4）从点 D 引出△ ABC 的垂线 DE。线段 AH 与线段 DE 交于 F 点时，$AF:FH=\boxed{m}\boxed{n}:\boxed{o}$。

前提知识、公式

◎勾股定理

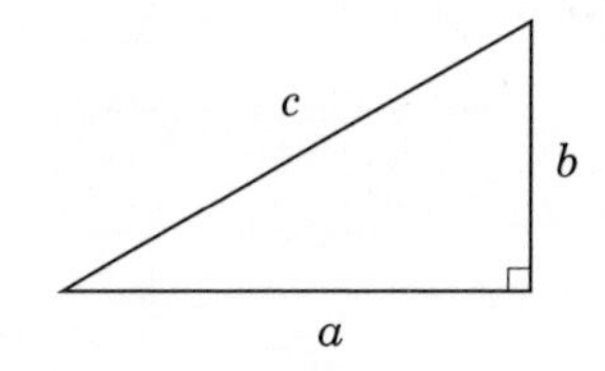

$$a^2+b^2=c^2$$

◎差的平方公式

$$(a-b)^2=a^2-2ab+b^2$$

◎分母有理化

分母中包含$\sqrt{\ }$时、从分母中去除$\sqrt{\ }$的数式变形。

例） $\frac{6}{\sqrt{2}}=\frac{6}{\sqrt{2}}\times\frac{\sqrt{2}}{\sqrt{2}}=\frac{6\sqrt{2}}{2}=3\sqrt{2}$

◎椎体体积

椎体底面积为S、高为h时，体积V如下公式所示，使用高中所学的积分即可明白为何要$\times\frac{1}{3}$。

$$V=\frac{1}{3}Sh$$

◎三角形的相似条件

(1)三边之比相等

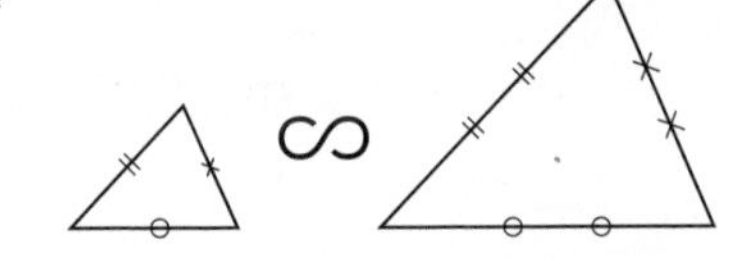

(2)两角相等

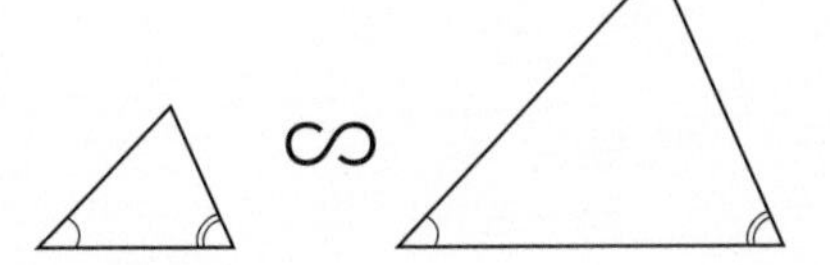

(3)两边之比及其夹角相等

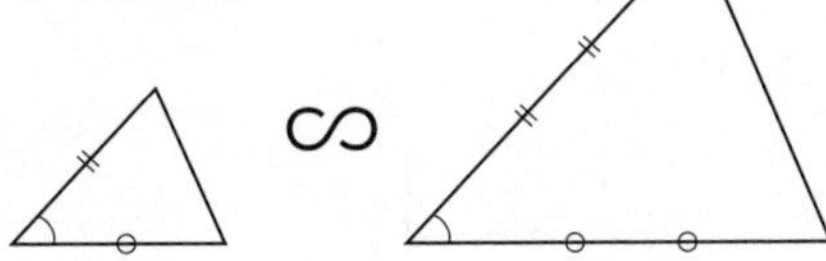

◎外项之积＝内项之积

$$\overbrace{a:b=c:d}^{\text{外项}} \Rightarrow ad=bc$$

（$b=c$为内项）

（1）~（3）的解题思路探讨

这是一道中考题，多次使用勾股定理。

让我们抛开示意图，从中找出截面图等平面图形来思考立体图。

下图看起来像什么？当然是立方体(或者正方体)了。

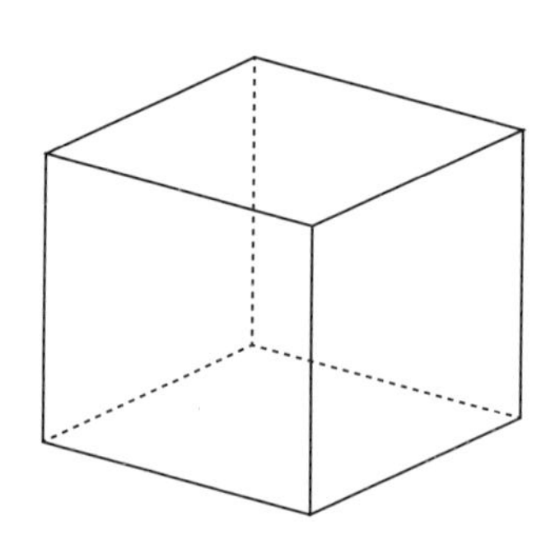

但是，据说如果将此图给没有接受过算术或数学教育的人看的话，他们并不会认为它是立体，而只能看出是在六角形中引出若干条直线的图形。这种说法的真假姑且不论，他们这么想是因为示意图确实扭曲了。实际的立方体(或者长方体)的各面是正方形(或者长方形)，所有的角都是90°，但是从上图来看没有一个角是90°。将立方体置于平面而产生的“扭曲”正是各种判断错误的根源。正因如此，解决立体问题时需要找出截面图等平面图形来思考。

（1）的解答

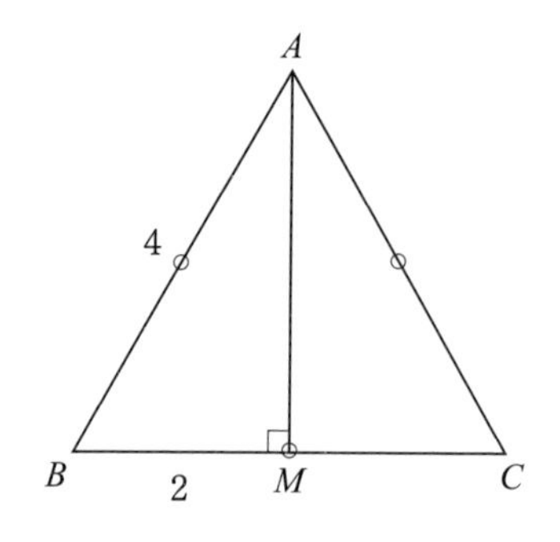

$\triangle ABC$是边长为4的正三角形。M为BC的中点，因此$BM=2$。对$\triangle ABM$使用勾股定理则可得出

$$AM^2+BM^2=AB^2 \Rightarrow AM^2+2^2=4^2$$
$$\Rightarrow AM^2+4=16$$
$$\Rightarrow AM^2=12$$
$$\Rightarrow AM=\sqrt{12}=2\sqrt{3}$$

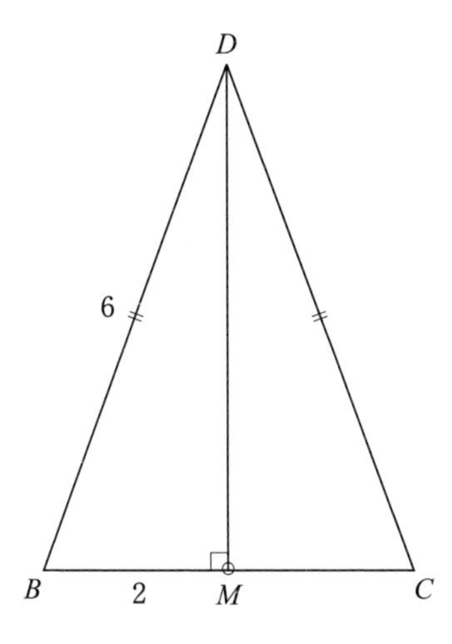

同样，对$\triangle DBM$使用勾股定理可得出

$$DM^2+BM^2=DB^2 \Rightarrow DM^2+2^2=6^2$$
$$\Rightarrow DM^2+4=36$$
$$\Rightarrow DM^2=32$$
$$\Rightarrow DM=\sqrt{32}=4\sqrt{2}$$

答案： **$a=2$，$b=3$，$c=4$，$d=2$**

（2）的解答

H是从A引出的$\triangle BCD$的垂足（从某点引出的线或面的垂线与该线或面的交点称为“垂足”。这里指从A点引出的$\triangle BCD$的垂线与$\triangle BCD$的交点）。H在DM上，于是来看$\triangle AMD$。

如下图所示，设$MH=x$、$AH=y$，根据(1)$DM=4\sqrt{2}$，所以$DH=4\sqrt{2}-x$。

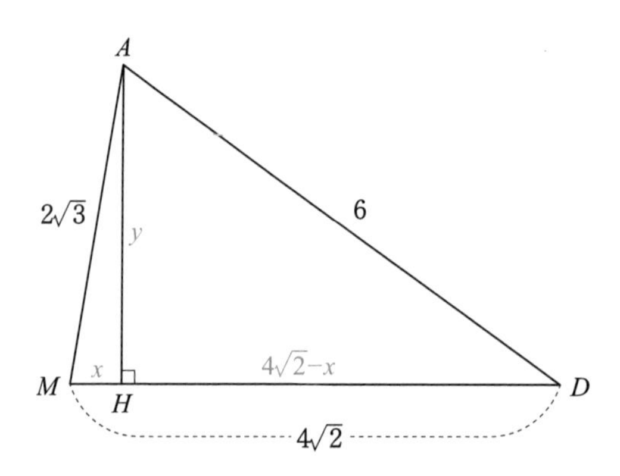

对$\triangle AMH$使用勾股定理可得出

$$x^2+y^2=(2\sqrt{3})^2=12 \quad \cdots①$$

对$\triangle AHD$使用勾股定理可得出

$$(4\sqrt{2}-x)^2+y^2=6^2$$
$$\Rightarrow 32-8\sqrt{2}x+x^2+y^2=36$$

$(a-b)^2=a^2-2ab+b^2$

将①代入后，

$$\Rightarrow 32-8\sqrt{2}x+12=36$$
$$\Rightarrow 8\sqrt{2}x=8$$
$$\Rightarrow x=\frac{1}{\sqrt{2}}$$

将x的值代入①

$$\left(\frac{1}{\sqrt{2}}\right)^2+y^2=12$$
$$\Rightarrow \frac{1}{2}+y^2=12$$
$$\Rightarrow y^2=\frac{23}{2}$$
$$\Rightarrow y=\sqrt{\frac{23}{2}}=\sqrt{\frac{23}{2}}\times\frac{\sqrt{2}}{\sqrt{2}}=\frac{\sqrt{46}}{2}$$

分母有理化

因此，

$$AH=\frac{\sqrt{46}}{2}$$

答案： $e=4\ \ f=6\ \ g=2$

（3）的解答

已知椎体的体积为“$\frac{1}{3}$×底面积×高”，四面体$ABCD$为椎体，因此所求体积V为

$$V=\frac{1}{3}\times S_{\triangle DBC}\times AH\quad\cdots②$$

$\triangle DBC$是底边为BC、高为DM的等腰三角形，因此将(1)中求出的DM值代入，

$$S_{\triangle DBC}=\frac{1}{2}\times BC\times DM=\frac{1}{2}\times 4\times 4\sqrt{2}=8\sqrt{2}$$

根据(2)，AH为：

$$AH=\frac{\sqrt{46}}{2}$$

将其代入②，得

$$
\begin{aligned}
V &= \frac{1}{3} \times \triangle DBC \times AH \\
&= \frac{1}{3} \times 8\sqrt{2} \times \frac{\sqrt{46}}{2} \\
&= \frac{4\sqrt{92}}{3} \\
&= \frac{4 \times \sqrt{4 \times 23}}{3} \\
&= \frac{8\sqrt{23}}{3}
\end{aligned}
$$

$92=4\times 23$

$2=\sqrt{4}$

因此

四面体 $ABCD$ 的体积 $=\frac{8\sqrt{23}}{3}$

答案： $h=8$，$i=2$，$j=3$，$l=3$

（4）的解题思路探讨

这是一道求$AF:FH$的比例题，因此只要发现相关的图形即可解出。

从点D引出的$\triangle ABC$的垂线垂足点E在AM上，因此继续思考(3)中的$\triangle AMD$。

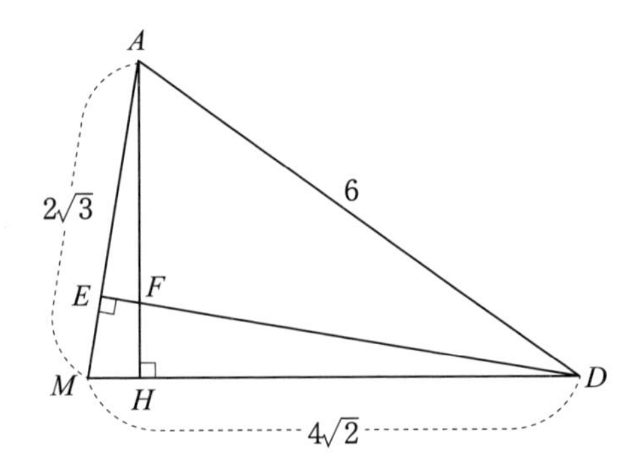

在$\triangle AMD$中，不难发现$\triangle AMH$和$\triangle AFE$相似。根据$\triangle AMH \backsim \triangle AFE$，$AM:AH=AF:AE$，所以**只要知道$AE$的长度，后续即可计算。**

AE的长度可以在$\triangle AED$中使用勾股定理求出，此时需要知道DE的长度。那么如何求出DE的长度呢？

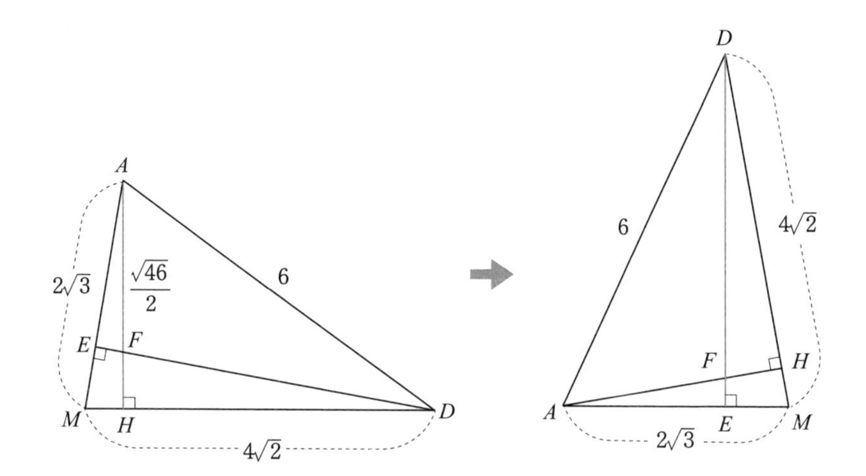

注意$\triangle AMD$的面积，如果**以AM为底边，则DE为高**，因此只要发现

$$S_{\triangle AMD} = DM \times AH \times \frac{1}{2} = AM \times DE \times \frac{1}{2}$$

成立即可解开此题。

（4）的解答

注意$\triangle AMD$的面积，使用(2)的结果：

$$DM \times AH \times \frac{1}{2} = AM \times DE \times \frac{1}{2} \Rightarrow 4\sqrt{2} \times \frac{\sqrt{46}}{2} \times \frac{1}{2} = 2\sqrt{3} \times DE \times \frac{1}{2}$$

$$\Rightarrow DE = \frac{4\sqrt{2} \times \sqrt{46}}{4\sqrt{3}} = \frac{\sqrt{92}}{\sqrt{3}} = \frac{2\sqrt{23}}{\sqrt{3}}$$

在$\triangle DAE$中使用勾股定理，得：

$$
\begin{aligned}
AE^2+DE^2=AD^2 &\Rightarrow AE^2+\left(\frac{2\sqrt{23}}{\sqrt{3}}\right)^2=6^2\\
&\Rightarrow AE^2+\frac{92}{3}=36\\
&\Rightarrow AE^2=36-\frac{92}{3}=\frac{16}{3}\\
&\Rightarrow AE=\sqrt{\frac{16}{3}}=\frac{4}{\sqrt{3}}
\end{aligned}
$$

在$\triangle AMH$与$\triangle AFE$中，$\angle MAH=\angle FAE$(共同)且$\angle MHA=\angle FEA$(直角)，**两角相等**，因此根据**三角形的相似条件**得出$\triangle AMH\backsim\triangle AFE$。

所以

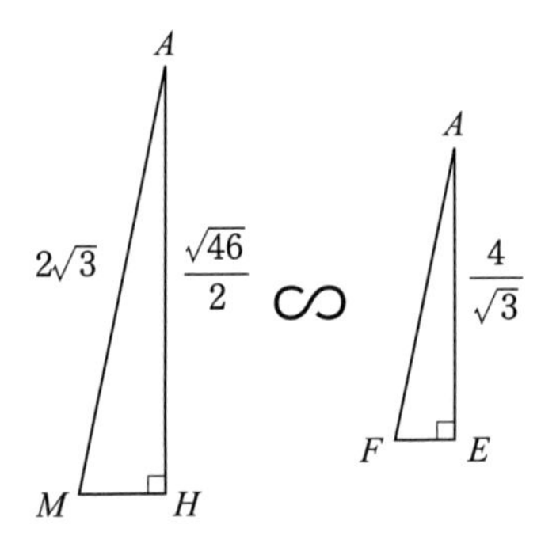

$$
\begin{aligned}
AM:AH=AF:AE &\Rightarrow 2\sqrt{3}:\frac{\sqrt{46}}{2}=AF:\frac{4}{\sqrt{3}}\\
&\Rightarrow \frac{\sqrt{46}}{2}\times AF=2\sqrt{3}\times\frac{4}{\sqrt{3}}\\
&\Rightarrow AF=\frac{16}{\sqrt{46}}
\end{aligned}
$$

内项之积=外项之积

$$
\begin{aligned}
\Rightarrow AF:AH&=\frac{16}{\sqrt{46}}:\frac{\sqrt{46}}{2}\\
&=16\times2:\sqrt{46}\times\sqrt{46}\\
&=32:46\\
&=16:23
\end{aligned}
$$

$$\Rightarrow AF:FH=AF:(AH-AF)=16:(23-16)=16:7$$

答案： $m=1$，$n=6$，$o=7$

永野之见

归根结底，本题的要点在于(4)。(1)～(3)是比较标准的题目，能否解出(4)成为拉开差距的关键。

解出(4)的关键在于能否具有“不同的视角”，即**将△*AMD*的底边从*MD*转换为*AM***。如果运用第1章中介绍的“逆向思维”的话，那么这次请有意识地切换视角，将横向转化为纵向。此即所谓的**改变“立场”、洞察事物全貌的训练。**

“经营之神”松下幸之助先生曾说过这样一句话:**“事业的原点并不在于如何能够大卖，而是在于如何能够让顾客高兴地购买产品。”**这也是将立场从“卖方→买方”转化思路的一个好例子。

下面再向大家介绍一个通过改变立场完美解决问题的题。题目是这样的 ：

有100支队伍通过淘汰赛方式进行比拼时，决出冠军之前需要进行多少场比赛？（不考虑打平后的加赛）

如果你只把注意力放在冠军队上思考此题的话，会觉得很棘手。但如果改变立场，**关注失利队的话**，则可立即得出答案 ：

“100支队伍中有1支队伍最终取胜的话，即有99支队伍失利……所以是99场比赛！”

关于勾股定理(毕达哥拉斯定理)

据说有超过100种的证明方法。

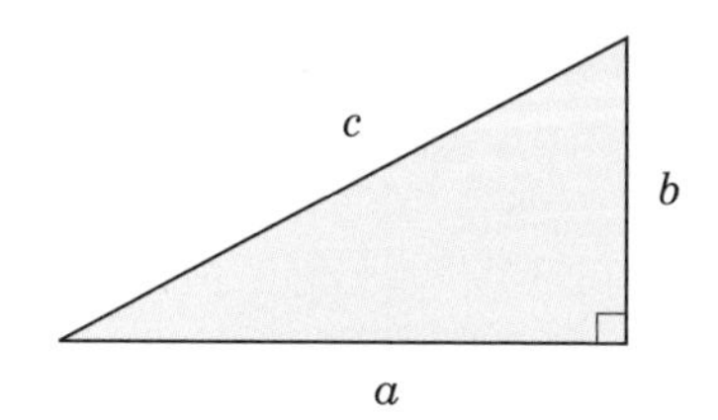

$$a^2+b^2=c^2$$

这里向读者简单介绍一下“毕达哥拉斯公式”。下图中的面积关系为 ：

大正方形的面积＝内侧小正方形的面积＋小直角三角形的面积×4

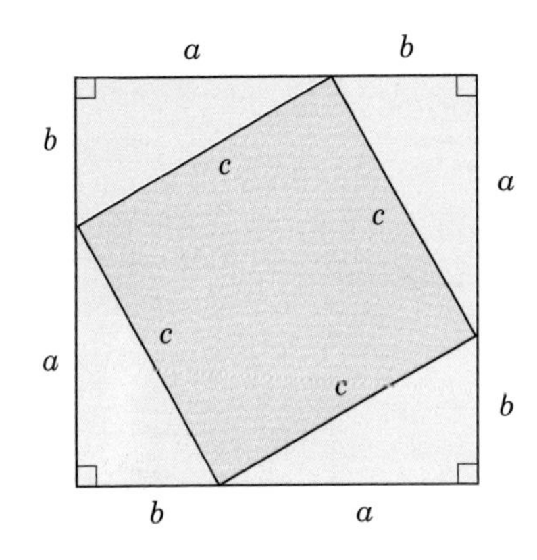

$$(a+b)^2=c^2+\frac{1}{2}ab\times 4$$

⇩

$$a^2+2ab+b^2=c^2+2ab$$

⇩

$$a^2+b^2=c^2$$

（证明完毕）

第 10 题

利用“数感”的题目

滩高中 2014 年度 | ▸难易度：简单 普通 难 | ▸目标解题时间：15 分钟

当△ ABC 为 $AB=AC$、$BC=1$、∠ $BAC=36°$ 的等腰三角形时，$AB=$ ______。由此，内接于半径为 1 的圆内的正二十边形的面积为 ______。

前提知识、公式

◎外项之积＝内项之积

$$\underbrace{a : \overbrace{b = c}^{} : d}_{} \Rightarrow ad = bc$$

（外项：a、d；内项：b、c）

◎二次方程式的求根公式

$$ax^2 + bx + c = 0 \Rightarrow x = \frac{-b \pm \sqrt{b^2 - 4ac}}{2a}$$

◎乘法公式

$$(a + b)(a - b) = a^2 - b^2$$

第一个□的解题思路探讨

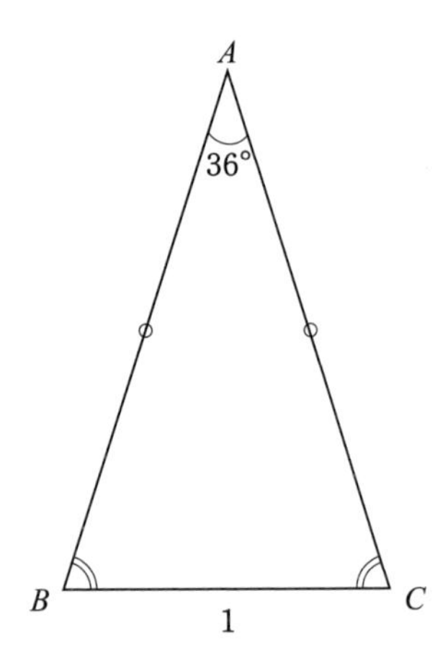

$\triangle ABC$是顶角为36°的等腰三角形。尝试计算一下底角的大小：

根据

$$\frac{180°-36°}{2}=\frac{144°}{2}=72°$$

得出底角为72°。

第一个□的解答

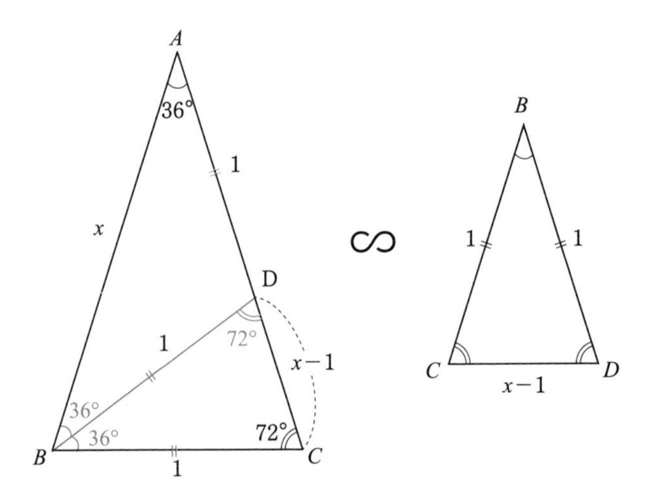

由于$\triangle ABC$为等腰三角形，所以

$$\angle ABC=\frac{180°-36°}{2}=\frac{144°}{2}=72°$$

于是引出$\angle ABC$的角平分线后，$\triangle BCD$和$\triangle DAB$也成为等腰三角形，所以

$$BC=BD=AD=1 \quad \cdots\cdots①$$

此外，若$AB=x$，则根据①

$$CD=AC-AD=AB-AD=x-1$$

因为$\triangle ABC \backsim \triangle BCD$，所以

$$AB:BC=BC:CD \Rightarrow x:1=1:x-1$$

根据**外项之积=内项之积**

$$\Rightarrow x(x-1)=1$$
$$\Rightarrow x^2-x-1=0$$

根据二次方程式的求根公式

$$x=\frac{-(-1)\pm\sqrt{(-1)^2-4\cdot1\cdot(-1)}}{2\cdot1}=\frac{1\pm\sqrt{5}}{2}$$

因为$x>1$[如图可知，x(AB的长度)大于1]

$$x=\frac{1+\sqrt{5}}{2}$$

所以

$$AB=\frac{1+\sqrt{5}}{2}$$

答案： $\frac{1+\sqrt{5}}{2}$

第二个□的解题思路探讨

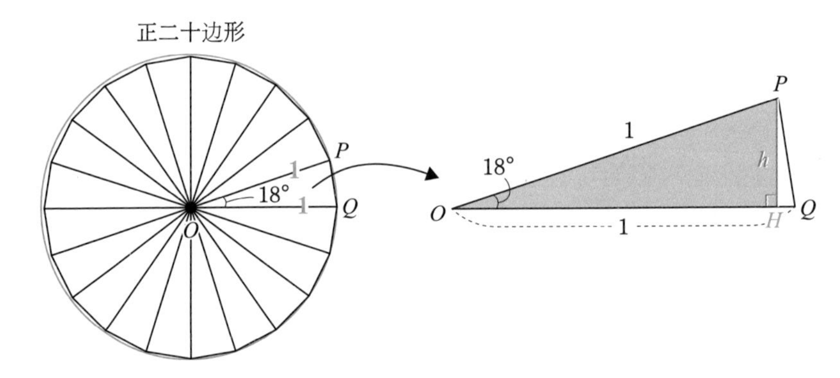

利用通过圆心的对角线将内接于半径为1的圆的正二十边形分为20个等腰三角形，其中之一设为$\triangle OPQ$。$\angle POQ$为

$$\frac{360°}{20}=18°$$

得出其是顶角为18°的等腰三角形。

从$\triangle OPQ$的P点向OQ引出垂线，垂足为H，设$PH=h$。只要知道h的大小，即可求出$\triangle OPQ$的面积，$\triangle OPQ$面积的20倍即为正二十边形的面积。

那么如何求出h呢？在思考利用第一题的结果时，如果能够在$\triangle ABC$中发现与$\triangle OPH$相似的直角三角形，即可解出此题。

第二个□的解答

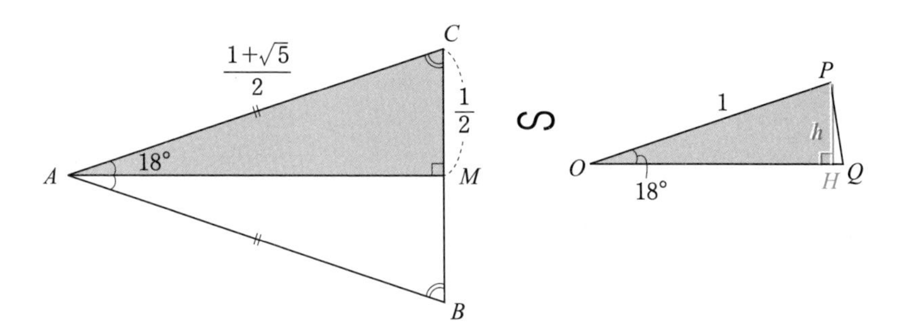

利用通过圆心的对角线将内接于半径为1的圆的正二十边形分为20个等腰三角形，将其中之一设为$\triangle OPQ$，从P点向OQ引出垂线，垂足为H。

将第一题中出现的$\triangle ABC$的BC中点设为M，则$\triangle ACM$与$\triangle OPH$相似。

假设$PH=h$，则

$$AC:OP=CM:PH\Rightarrow \frac{1+\sqrt{5}}{2}:1=\frac{1}{2}:h$$

根据**外项之积=内项之积**

$$\Rightarrow \frac{1+\sqrt{5}}{2}\times h=1\times\frac{1}{2}$$

$$\Rightarrow h=\frac{1}{2}\div\frac{1+\sqrt{5}}{2}=\frac{1}{2}\times\frac{2}{1+\sqrt{5}}=\frac{1}{1+\sqrt{5}}$$

所以

$$\triangle OPQ=OQ\times h\times\frac{1}{2}=1\times\frac{1}{1+\sqrt{5}}\times\frac{1}{2}=\frac{1}{2(\sqrt{5}+1)}$$

所求正二十边形的面积为$\triangle OPQ$的20倍，所以

$$\frac{1}{2(\sqrt{5}+1)}\times 20=\frac{10}{\sqrt{5}+1}$$

$$=\frac{10}{\sqrt{5}+1}\times\frac{\sqrt{5}-1}{\sqrt{5}-1}$$

$$=\frac{10(\sqrt{5}-1)}{\sqrt{5}^2-1^2}$$

$$=\frac{10(\sqrt{5}-1)}{4}$$

$$=\frac{5(\sqrt{5}-1)}{2}$$

分母有理化

$$\frac{c}{\sqrt{a}+b}=\frac{c}{\sqrt{a}+b}\times\frac{\sqrt{a}-b}{\sqrt{a}-b}$$

答案： $\frac{5(\sqrt{5}-1)}{2}$

永野之见

第一题中引出$\angle ABC$的角平分线，可能有人会觉得是突发奇想。而数字“36”是

$$180° \div 5 = 36°$$

所以$\triangle ABC$的顶角36°是将三角形内角和5等分时的角度。如果注意到这一点，那么应该就会发现通过引出$\angle ABC$的角平分线，可以得出与$\triangle ABC$相似的三角形。其他类似的例子还有

$$180° \div 10 = 18° \quad 180° \div 9 = 20° \quad 180° \div 6 = 30°$$
$$180° \div 4 = 45° \quad 180° \div 3 = 60° \quad 180° \div 2 = 90°$$

当发现题目中出现用简单的整数除180°得出的角度时，应予以注意。

要培养自己的“数感”。对数字不敏感的人，无论看到哪个数字都只能看出是平均且无机的数字，而对数字敏感的人则能够发现一个数字具有的个性。

此外，顶角为36°的等腰三角形也是可以连接正五边形对角线的三角形。

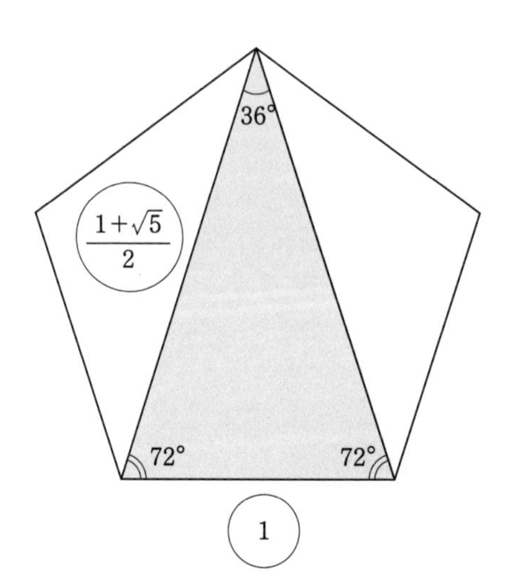

该正五边形的一边与其对角线的长度之比为

$$1:\frac{1+\sqrt{5}}{2}\approx 1:1.618\ \cdots\cdots$$

即所谓的黄金比例。

通常名片的长宽比也是黄金比例。此外，在米洛斯的维纳斯和希腊世界遗产“帕特农神庙”等各种艺术作品、建筑中都可以发现黄金比例。黄金比例被称为“最美的比例”。

笔者认为，**增加对数字本身的相关知识是发现数字的个性、找出其与其他数字之间的有机联系的第一步。**

特别是初中生，很多情况下都可以运用数字的以下知识。

◎50以内的质数（只能被1和本身整除的大于1的自然数）

2、3、5、7、11、13、17、19、23、29、31、37、41、43、47

◎1～20和25的平方（自然数的2次方）

1、4、9、16、25、36、49、64、81、100
121、144、169、196、225、256、289、324、361、400、625

◎可以整除的数的规律

可以被2整除：**末尾数字是偶数。**
可以被3整除：**各位数之和可以被3整除。**
可以被4整除：**后2位可以被4整除或为00。**
可以被5整除：**末尾数字是0或5。**
可以被6整除：**是偶数且各位数之和可以被3整除。**
可以被8整除：**后3位可以被8整除或为000。**
可以被9整除：**各位数之和可以被9整除。**
可以被10整除：**末尾数字是0。**

第 **11** 题

需要决定所使用武器的题目

滩高中 2011 年度 | ▸难易度：简单  难 | ▸目标解题时间：30 分钟

问题

如右图所示，在边长为 **1** 的正十二边形内部有 **16** 个边长为 **1** 的正三角形（灰色部分）。将图中 **5** 个顶点分别设定为 A、B、C、D、E。

（1）求点 A、B 间的距离。

（2）求点 C、D 间的距离。

（3）求五边形 $ABCDE$ 的面积。

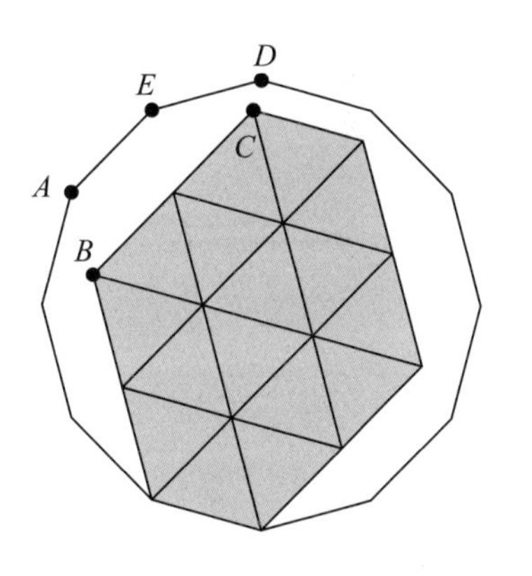

前提知识、公式

◎勾股定理

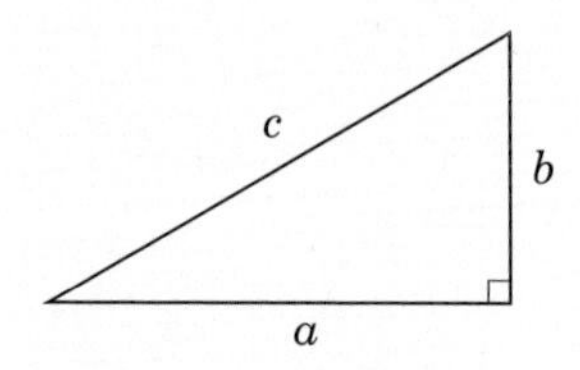

$$a^2+b^2=c^2$$

◎著名的直角三角形

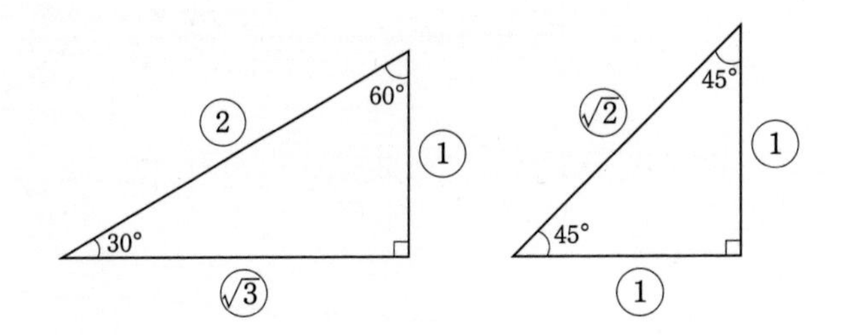

◎乘法公式

$$(a+b)^2=a^2+2ab+b^2$$
$$(a-b)^2=a^2-2ab+b^2$$
$$(a+b)(a-b)=a^2-b^2$$

◎双重根号的去根号方法

$$\sqrt{(a+b)+2\sqrt{ab}}=\sqrt{a+2\sqrt{ab}+b}=\sqrt{(\sqrt{a}+\sqrt{b})^2}=|\sqrt{a}+\sqrt{b}|=\sqrt{a}+\sqrt{b}$$
$$\sqrt{(a+b)-2\sqrt{ab}}=\sqrt{a-2\sqrt{ab}+b}=\sqrt{(\sqrt{a}-\sqrt{b})^2}=|\sqrt{a}-\sqrt{b}|$$

◎平行线中同位角的性质

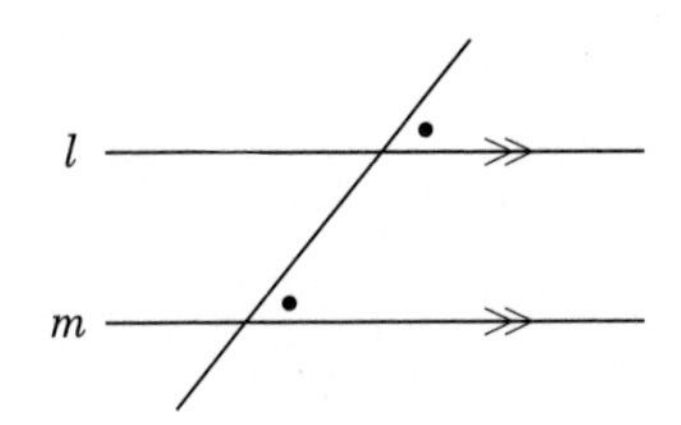

两条直线l、m与其他直线相交时，若同位角相等，则$l /\!/ m$。

(1)的解题思路探讨

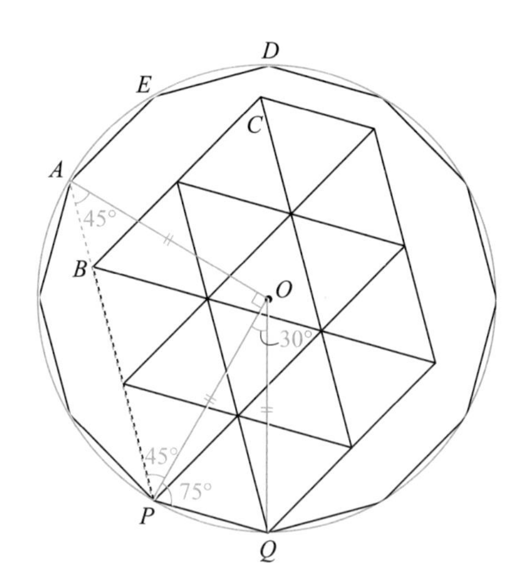

如上图所示，解题的第一步是思考3点A、B、P是否在同一条直线上。

面对这样的题目时最好尽可能亲手重新画出题目中给出的图。画出如本题一般有些复杂的图本身有一定难度，但是亲手画出来后你会有很多发现。此时，在最开始(徒手)画好圆之后可以比较美观地画出正多边形，更为重要的是可以通过画出外接圆更加轻松地发现正多边形所具有的性质。

如果发现3点A、B、P在同一条直线上，则可以使用著名的直角三角形各边之比和勾股定理求出AB的长度。但是，最后需要去掉“双重根号”，有些麻烦。

（1）的解答

将正十二边形的外接圆中心设为O。因为P与Q是正十二边形中相邻的顶点，所以

$$\angle POQ = 360° \div 12 = 30°$$

而$\triangle OPQ$为等腰三角形，所以可知

$$\angle OPQ = (180° - 30°) \div 2 = 75° \cdots\cdots ①$$

此外，P是自A点起逆时针方向的第3个定点，所以

$$\angle AOP = 30° \times 3 = 90°$$

因为$\triangle OAP$是等腰直角三角形，所以

$$\angle OPA = (180° - 90°) \div 2 = 45° \cdots\cdots ②$$

根据①和②，可知

$$\angle QPA = \angle OPQ + \angle OPA = 75° + 45° = 120° \cdots\cdots ③$$

而$\angle QPB$是正三角形内角的2倍，所以

$$\angle QPB = 60° \times 2 = 120° \cdots\cdots ④$$

根据③和④可知**3点A、B、P在同一条直线上。**

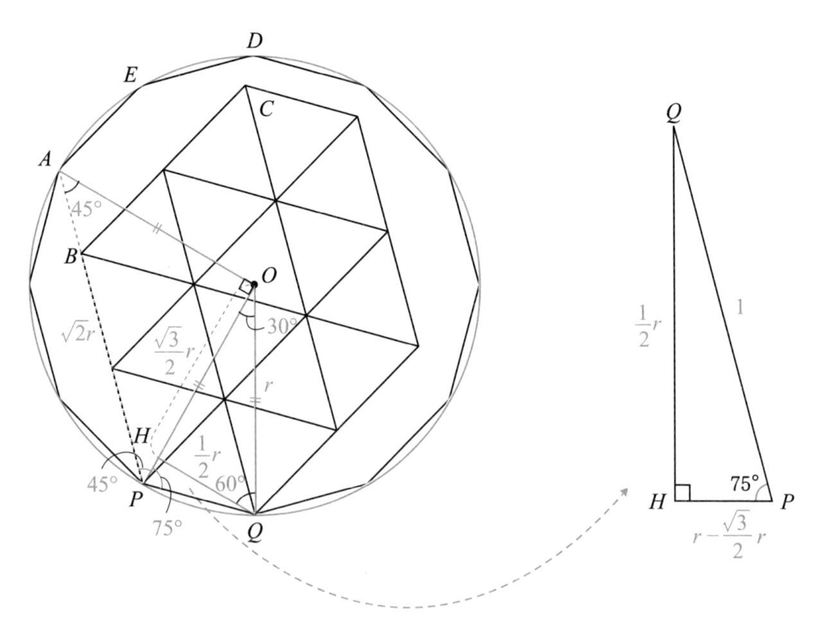

这里，设

$$OA = OP = OQ = r$$

根据**著名的直角三角形各边之比**，如上图所示，可用r表示各边的边长。而对于$\triangle QHP$，根据**勾股定理**

$$\left(r-\frac{\sqrt{3}}{2}r\right)^2+\left(\frac{1}{2}r\right)^2=1^2$$

$(a-b)^2=a^2-2ab+b^2$

$$\Rightarrow r^2-\sqrt{3}r^2+\frac{3}{4}r^2+\frac{1}{4}r^2=1$$

$$\Rightarrow (2-\sqrt{3})r^2=1$$

$$\Rightarrow r^2=\frac{1}{2-\sqrt{3}}$$

$$=\frac{1}{2-\sqrt{3}}\times\frac{2+\sqrt{3}}{2+\sqrt{3}}$$

$(a-b)(a+b)=a^2-b^2$

$$=\frac{2+\sqrt{3}}{4-3}=2+\sqrt{3}$$

由于$r>0$，所以

$$r=\sqrt{2+\sqrt{3}} \quad \cdots\cdots⑤$$

这里由于BP是边长为1的正三角形的两条边的长度，所以为2。AP是45°、45°、90°直角三角形的斜边，所以是OA的$\sqrt{2}$倍，即$AP=\sqrt{2}r$。代入⑤后，得出

$$\begin{aligned}AB&=AP-BP\\&=\sqrt{2}r-2\\&=\sqrt{2}\cdot\sqrt{2+\sqrt{3}}-2\\&=\sqrt{4+2\sqrt{3}}-2\\&=\sqrt{(1+3)+2\sqrt{1\cdot 3}}-2=\sqrt{1}+\sqrt{3}-2=\sqrt{3}-1\end{aligned}$$

双重根号的去根号方法
$\sqrt{(a+b)+2\sqrt{ab}}=\sqrt{a}+\sqrt{b}$

⇒ 双重根号的去根号方法……$\sqrt{3}-1$

答案：$\sqrt{3}-1$

（2）（3）的解题思路探讨

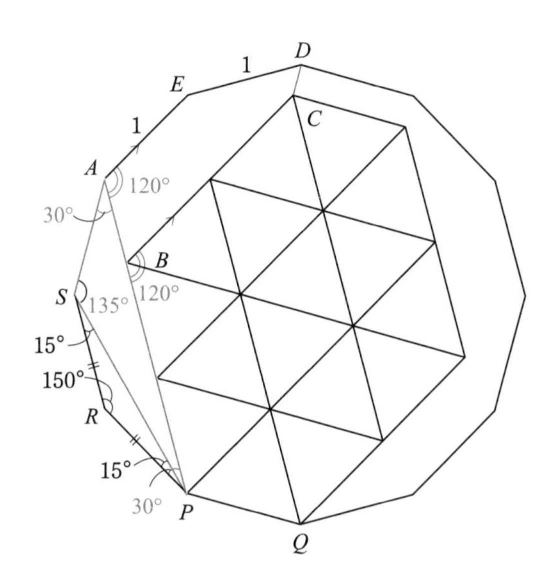

如上图所示，解答该题的要点在于能否预测出AE和BC平行。如果知道$AE /\!/ BC$，则可使用直角三角形各边之比和勾股定理等求出CD，在这一过程中，还可计算出求五边形$ABCDE$面积所需的值。

（2）的解答

在(1)的①中知道$\angle OPQ=75°$，所以正十二边形的一个内角为$75° \times 2=150°$。所以

$$\angle RPQ=\angle SRP=\angle ASR=\angle EAS=150° \quad \cdots\cdots⑥$$

而$\angle BPQ$为正三角形的2个内角，所以

$$\angle BPQ=60° \times 2=120° \quad \cdots\cdots⑦$$

根据⑥和⑦可得出

$$\angle RPB = \angle RPQ - \angle BPQ = 150° - 120° = 30° \quad \cdots\cdots ⑧$$

此外，因为$\triangle RPS$是等腰三角形，所以

$$\angle RPS = \angle RSP = (180° - 150°) \div 2 = 15° \quad \cdots\cdots ⑨$$

根据⑧和⑨可得出

$$\angle SPB = \angle RPB - \angle RPS = 30° - 15° = 15° \quad \cdots\cdots ⑩$$

根据⑥和⑨可得出

$$\angle ASP = \angle ASR - \angle RSP = 150° - 15° = 135° \quad \cdots\cdots ⑪$$

在$\triangle SPA$中，根据⑩和⑪可得出

$$\begin{aligned}\angle SAP &= 180° - (\angle SPB + \angle ASP)\\ &= 180° - (15° + 135°) = 30° \quad \cdots\cdots ⑫\end{aligned}$$

根据⑥和⑫可得出

$$\angle EAB = \angle EAS - \angle SAP = 150° - 30° = 120° \quad \cdots\cdots ⑬$$

而$\angle CBP$为正三角形的2个内角，所以

$$\angle CBP = 60° \times 2 = 120° \quad \cdots\cdots ⑭$$

根据⑬、⑭可得出**同位角相等，所以$AE /\!/ BC$。**

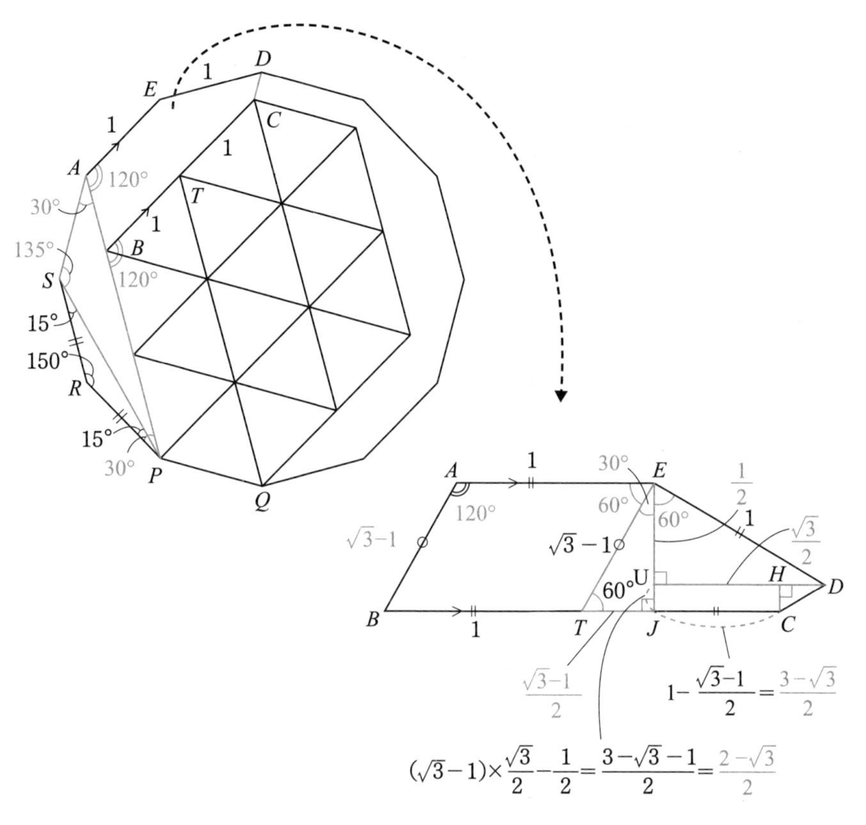

如上图所示命名各点。连接ET，根据$AE/\!/BT$且$AE=BT$，得知四边形$ABTE$为平行四边形。根据⑬可知$\angle EAB=120°$，所以$\angle AET$为60°。据此，从E点引出BC的垂线EJ，则$\triangle ETJ$为30°、60°、90°的**直角三角形**。

根据(1)得知$AB=\sqrt{3}-1$。因为四边形$ABTE$为平行四边形，所以

$$ET=AB=\sqrt{3}-1 \quad \cdots\cdots ⑮$$

根据⑮和**直角三角形各边之比**可得出

$$ET:TJ=2:1 \quad \Rightarrow \quad TJ=\frac{1}{2}ET=\frac{\sqrt{3}-1}{2} \quad \cdots\cdots ⑯$$

$$ET:EJ=2:\sqrt{3} \Rightarrow EJ=\frac{\sqrt{3}}{2}ET=\frac{\sqrt{3}(\sqrt{3}-1)}{2}=\frac{3-\sqrt{3}}{2} \quad \cdots\cdots ⑰$$

因为CT是正三角形的一条边，所以长度为1。据此，根据⑯可得出

$$CJ = CT - TJ = 1 - \frac{\sqrt{3}-1}{2} = \frac{3-\sqrt{3}}{2} \quad \cdots\cdots ⑱$$

此外，从D点引出EJ的垂线，垂足为U。因为与⑥相同$\angle DEA = 150°$，所以

$$\angle DEU = \angle DEA - (\angle AET + \angle TEJ) = 150° - (60° + 30°) = 60°$$

据此，$\triangle DEU$也是30°、60°、90°的**直角三角形**。因为DE是正十二边形的一条边，所以长度为1。再次根据**直角三角形各边之比，**

$$DE : EU = 2 : 1 \Rightarrow EU = \frac{1}{2}DE = \frac{1}{2} \quad \cdots\cdots ⑲$$

$$DE : DU = 2 : \sqrt{3} \Rightarrow DU = \frac{\sqrt{3}}{2}DE = \frac{\sqrt{3}}{2} \quad \cdots\cdots ⑳$$

CH垂直于BU，根据⑰和⑲可得出

$$CH = JU = EJ - EU = \frac{3-\sqrt{3}}{2} - \frac{1}{2} = \frac{2-\sqrt{3}}{2} = 1 - \frac{\sqrt{3}}{2} \quad \cdots\cdots ㉑$$

根据⑱和⑳可得出

$$DH = DU - HU = DU - CJ = \frac{\sqrt{3}}{2} - \frac{3-\sqrt{3}}{2} = \frac{2\sqrt{3}-3}{2} = \sqrt{3} - \frac{3}{2} \quad \cdots\cdots ㉒$$

对$\triangle CDH$使用勾股定理。

根据㉑和㉒可得出

$$CD^2 = CH^2 + DH^2 = \left(1 - \frac{\sqrt{3}}{2}\right)^2 + \left(\sqrt{3} - \frac{3}{2}\right)^2$$

$$= 1 - \sqrt{3} + \frac{3}{4} + 3 - 3\sqrt{3} + \frac{9}{4} = 7 - 4\sqrt{3}$$

$(a-b)^2 = a^2 - 2ab + b^2$

由于$CD > 0$，所以

$$CD=\sqrt{7-4\sqrt{3}}=\sqrt{7-2\sqrt{12}}$$

梯形

$$\sqrt{(a+b)-2\sqrt{ab}}=|\sqrt{a}-\sqrt{b}|$$

$$=\sqrt{(3+4)-2\sqrt{3\cdot 4}}=|\sqrt{3}-\sqrt{4}|=\sqrt{4}-\sqrt{3}=2-\sqrt{3}$$

$\Rightarrow$ CD的长度为$2-\sqrt{3}$

答案： $2-\sqrt{3}$

（3）的解答

将五边形$ABCDE$分为以下3个图形 ：

$$五边形\ ABCDE=梯形\ ABJE+三角形\ DEU+梯形\ DUJC \quad \cdots\cdots㉓$$

根据⑯和⑰可得出

$$梯形ABJE=(AE+BJ)\times EJ\times\frac{1}{2}=\{AE+(BT+TJ)\}\times EJ\times\frac{1}{2}$$

$$=\left\{1+\left(1+\frac{\sqrt{3}-1}{2}\right)\right\}\times\frac{3-\sqrt{3}}{2}\times\frac{1}{2}$$

$$=\frac{3+\sqrt{3}}{2}\times\frac{3-\sqrt{3}}{2}\times\frac{1}{2}=\frac{3^2-\sqrt{3}^2}{8}=\frac{6}{8}=\frac{3}{4} \quad \cdots\cdots㉔$$

根据⑲、⑳可得出

$$三角形\ DEU=EU\times DU\times\frac{1}{2}=\frac{1}{2}\times\frac{\sqrt{3}}{2}\times\frac{1}{2}=\frac{\sqrt{3}}{8} \quad \cdots\cdots㉕$$

根据⑱、⑳、㉑可得出

$$梯形DUJC=(DU+CJ)\times CH\times\frac{1}{2}$$

$$=\left(\frac{\sqrt{3}}{2}+\frac{3-\sqrt{3}}{2}\right)\times\left(1-\frac{\sqrt{3}}{2}\right)\times\frac{1}{2}=\frac{3}{2}\times\left(1-\frac{\sqrt{3}}{2}\right)\times\frac{1}{2}=\frac{3}{4}-\frac{3\sqrt{3}}{8} \quad \cdots\cdots㉖$$

将㉔、㉕、㉖代入㉓。

$$\text{五边形}ABCDE=\frac{3}{4}+\frac{\sqrt{3}}{8}+\left(\frac{3}{4}-\frac{3\sqrt{3}}{8}\right)=\frac{6}{4}-\frac{2\sqrt{3}}{8}=\frac{3}{2}-\frac{\sqrt{3}}{4}$$

$\Rightarrow$ 五边形的面积为$\frac{3}{2}-\frac{\sqrt{3}}{4}$

答案： $\frac{3}{2}-\frac{\sqrt{3}}{4}$

永野之见

滩高的很多题目都具有独创性，本题也非常有特色。想必很多考生都没有解答类似题目的经验吧。

通常来说，几何题(图形问题)会比代数题(方程式和函数的问题)更难。很多人虽然擅长代数，但却不擅长几何。其理由也是单纯地因为几何题可以更容易编出“没有见过的题”。几何题并没有像代数题一样创立出解题的方法论。

那么，如何解答全新的几何题呢？笔者认为关键在于“事先决定所要使用的武器”。图形有无数种变化，但我们的图形知识(可用于解题的知识)却十分有限。

实际上，本题当中“这3点是否在一条直线上？”“这两条线段是否平行？”都是先预测再解答的。当然，有的时候也会判断失误。但是，原本能够用于解出图形的武器并不多，所以重做的次数也是有限的。

例如下面这道题目。

问

请证明由两个相同的长方形构成的下图四边形$ABCD$为菱形。

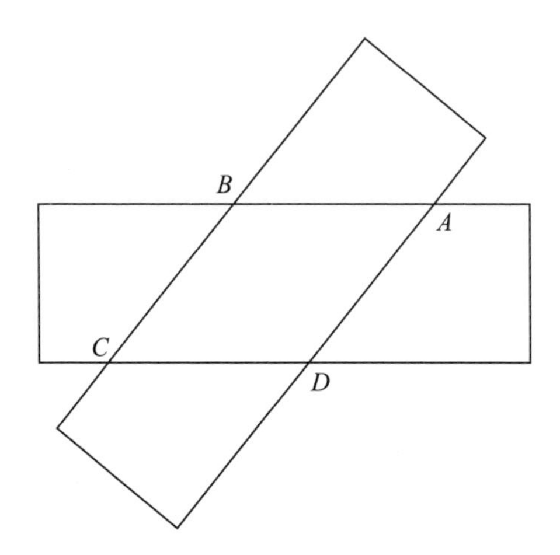

由于菱形为四条边长相等的四边形，所以目标是要证明

$$AB = BC = CD = DA$$

因为两个长方形重叠，所以可知四边形$ABCD$为平行四边形。根据平行四边形的对边(相对的两边)长度相等，可立即知道

$$AB = CD,\ BC = DA$$

所以关键是如何证明“$AB=BC$”。

证明两段相邻的线段相等的方法大体可分为两种 ：

(ⅰ)发现其为等腰三角形相等的2条边。

(ⅱ)发现其为相同三角形相对的2条边。

如果不知道应该选择哪种方法的话，反正**只有这两种方法**，先尝试(i)即可。

采用方法(i)时

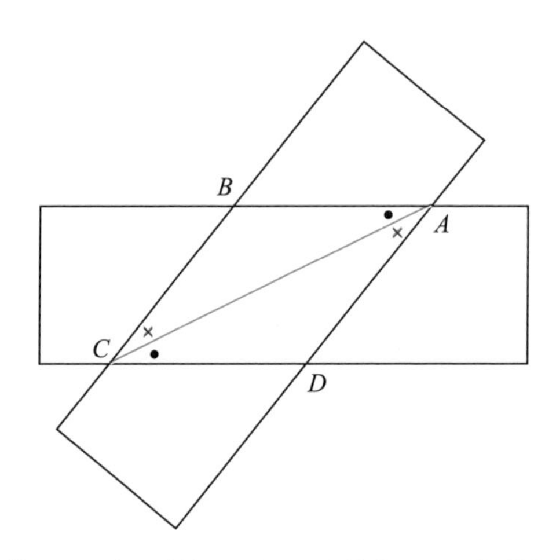

尝试引出对角线AC，探讨是否可以证明$\triangle BCA$为等腰三角形，即是否可以证明两个底角$\angle BCA$和$\angle CAB$相等。虽然根据平行线与错角的关系可以知道图中的两个●和两个×之间相等，却似乎无法立即得知关键的●与×相等。**这就遇到了问题，因此放弃方法(ⅰ)**而转向方法(ii)。

采用方法(ii)时

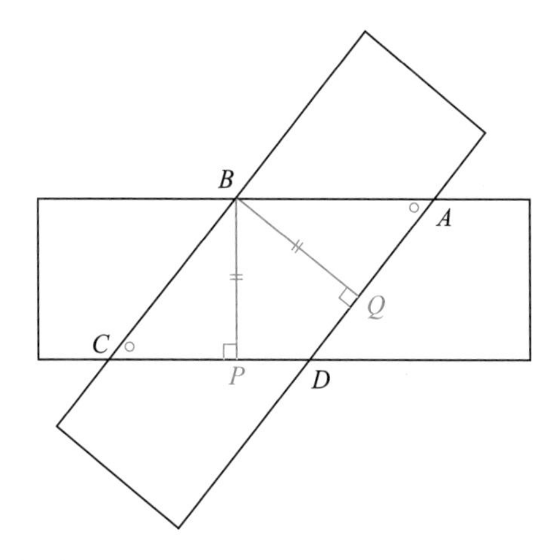

因为需要作出分别包含AB和BC的相同图形，所以由B点分别向CD和DA引出垂线BP和BQ……写到这里，可能会有人觉得“可是我根本想不到要引出这种辅助线”。

如笔者在第6题中（第048页）所提到的，**“辅助线的基本是做现有直线的平行线或垂线”**。而且由B点引出两条垂线后，根据原本的两个长方形相同，可得出$BP=BQ$。而四边形$ABCD$为平行四边形，所以对角（相对的角）相等，$\angle BCP=\angle BAQ$。

解答举例

因为四边形$ABCD$为平行四边形，所以

$$AB=CD \quad \cdots\cdots①$$
$$BC=DA \quad \cdots\cdots②$$

而由B点向CD和DA引出垂线的垂足分别为P、Q。

在$\triangle BCP$和$\triangle BAQ$中，

$$\angle BPC=\angle BQA \quad （直角） \quad \cdots\cdots③$$

因为原本2个长方形相同，所以

$$BP=BQ \quad \cdots\cdots④$$

因为四边形$ABCD$为平行四边形，所以

$$\angle BCP = \angle BAQ$$

由此可知

$$\begin{aligned}\angle CBP &= 180^\circ - (\angle BCP + 90^\circ)\\ &= 180^\circ - (\angle BAQ + 90^\circ)\\ &= \angle ABQ \quad \cdots\cdots⑤\end{aligned}$$

根据③、④、⑤，一边及其两端的角分别相等。

由此可知$\triangle BCP \cong \triangle BAQ$。相对应的边也相等，所以

$$BC = AB \quad \cdots\cdots⑥$$

根据①、②、⑥可得出

$$AB = BC = CD = DA$$

由于四个边相等，所以四边形$ABCD$为菱形。

（证明完毕）

当然，要放弃最初选择的方法并非易事。笔者自己也曾多次固执于某一方法，最终陷入泥潭。但是，如果不断积累使用第2个或第3个方法解决问题的经验，就会慢慢学会放弃最初的方法。

无论如何，只要记住能够想到的方法和可以使用的武器并没有太多变化，那么最初的方法和武器应该会比较容易选择吧？

请不擅长几何题的人一定要不断练习决定所使用武器的方法。

此外，本题中多次使用的“双重根号的去根号方法”属于高中数学范畴，虽然并不一定要使用该方法，但是如果不用的话会进一步加大解题的难度。参加滩高中考试的考生虽然是初中生，也有可能已经掌握这一知识点，所以本书直接采用了该方法。

第 12 题

涵盖所有情况、图解信息的题目

广中杯预赛问题 2006 年度 ▸难易度：简单 普通 难 ▸目标解题时间：15 分钟

问题：某公司由 6 名员工组成，即 1 名社长、1 名副社长、1 名专务及 3 名普通员工。3 名普通员工的姓名为木田、林田、森田，而比较麻烦的是其余 3 人的姓名也为木田、林田、森田。所以在社长、副社长、专务 3 人的名字后面加上“先生”，在 3 名普通员工的名字后面加上“同志”。

那么，假设已知以下信息：

A. 木田同志住在东京都。

B. 副社长从长野县乘坐新干线通勤。

C. 林田同志的年收入为 700 万日元。

D. 3 名普通员工的其中一人住在副社长家附近，年收入恰好是副社长的 75%。

E. 森田先生前些天与专务大吵一架。

F. 与副社长同姓的普通员工住在神奈川县。

请回答社长、副社长的姓名。

（注：这里的普通员工指没有官职的员工。）

解题思路探讨

A～F等6个条件非常复杂，直接思考的话会很烦琐，我们尽可能尝试**图解**这道题。而候补姓名只有3个，所以全部写出来的话也不会太麻烦。

解答

图解条件A、B、D、F后如下。

此外，住在副社长家附近的普通员工可能并不住在长野县(副社长住在长野县和山梨县交界处附近的话，普通员工也可能住在山梨县)，而这一点似乎与本题的关键问题并无关系，所以认为住在副社长附近的普通员工住在长野县。

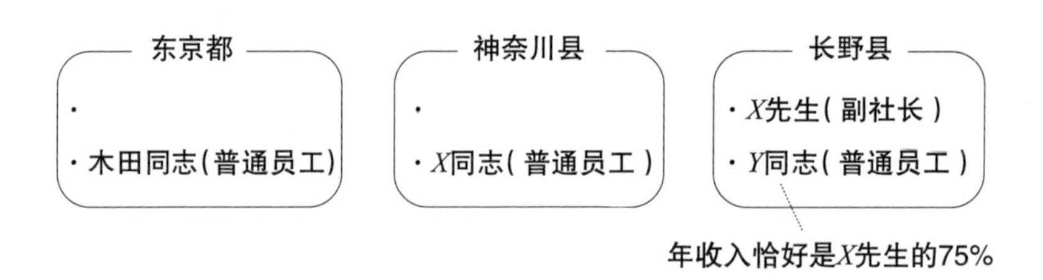

根据此图，X、Y、Z与木田、林田、森田的姓名对应关系共有以下6种(相同字母即为相同姓名)。

	X	Y	Z
①	木田	林田	森田
②	木田	森田	林田
③	林田	木田	森田
④	林田	森田	木田
⑤	森田	木田	林田
⑥	森田	林田	木田

但是，从条件A、B、D、F的图解可知，木田既不是X也不是Y。

	X	Y	Z
~~①~~	~~木田~~	~~林田~~	~~森田~~
~~②~~	~~木田~~	~~森田~~	~~林田~~
~~③~~	~~林田~~	~~木田~~	~~森田~~
④	林田	森田	木田
~~⑤~~	~~森田~~	~~木田~~	~~林田~~
⑥	森田	林田	木田

此外，根据条件C“林田同志的年收入为700万日元”及条件D的后半部分“(居住在副社长附近的普通员工＝Y同志)年收入恰好为副社长的75%”，可得知Y同志不是林田同志。其原因在于如果Y同志=林田同志，副社长的年收入为a日元时，根据条件C和条件D

$$a\times\frac{75}{100}=7\,000\,000\Rightarrow a=7\,000\,000\times\frac{100}{75}=\frac{28\,000\,000}{3}=9\,333\,333.333\;\cdots$$

与a是表示年收入的数字(整数)这一点相矛盾。因此表中⑥的情况也不可能出现。

	X	Y	Z
~~①~~	~~木田~~	~~林田~~	~~森田~~
~~②~~	~~木田~~	~~森田~~	~~林田~~
~~③~~	~~林田~~	~~木田~~	~~森田~~
④	林田	森田	木田
~~⑤~~	~~森田~~	~~木田~~	~~林田~~
~~⑥~~	~~森田~~	~~林田~~	~~木田~~

最终剩下④的情况。

接下来是社长、副社长、专务与X、Y、Z的对应关系，因为知道X是副社长，因此只要考虑下列情况即可：

	社长	副社长	专务
(ⅰ)	Y	X	Z
(ⅱ)	Z	X	Y

将④的情况代入(ⅰ)中，即

(1) 社长（Y）：森田、副社长（X）：林田、专务（Z）：木田

此时，还未使用的条件E“森田先生前些天与专务大吵一架”也成立。因此，此种情况是候选答案。

下面将④的情况代入(ⅱ)中，即

(2) 社长（Z）:木田；副社长（X）: 林田；专务（Y）: 森田

但是，这种情况是不可能出现的。原因在于条件E“森田先生前些天与专务大吵一架”，所以专务不可能是森田先生(自己无法与自己大吵一架)。

综上所述，可得出可能的情况只有(1)：

社长 = 森田，副社长 = 林田

答案： **社长=森田，副社长=林田**

永野之见

算术奥林匹克是面向小学生的数学比赛，而广中杯则是面向初中生的数学比赛，以获得数学界最高荣誉的菲尔兹奖、算术奥林匹克比赛主席、京都大学名誉教授广中平祐的名字命名，创立于2000年。

如本题一样，当题目设定很复杂、读题后无法立即把握情况的时候，**准确地整理信息是解题的第一步**。而在整理信息时，希望大家一定要尝试**图解**。也许有人不善于图解，其中的要领是要意识到：

(1) 尽可能不使用文字。
(2) 展现出信息之间的对应关系。
(3) 不要把所有内容都放进去。
(4) 利用表格。

对于(1)：使用图解的意图是将原本文章中难懂的信息变得清晰易懂，因此在图解中使用过多文字的话就适得其反了。

对于(2)：在图解中尽可能减少文字的使用，因此需要考虑图和词语的位置，通过其位置整理信息的层级和对应关系。

东京都	神奈川县	长野县	场所
·	·	· X先生（副社长）	领导
· 木田同志(普通员工)	· X同志（普通员工）	· Y同志（普通员工）	普通员工

年收入恰好是X先生的75%

本题使用的图解中将居住的场所、领导(社长、副社长、专务)、普通员工的位置分别横向排列。这样就可以轻松地掌握信息之间的对应关系。

对于(3)：将与解题无关的信息和不易图解的信息舍弃。

本题并没有将副社长乘坐新干线通勤和林田同志的年收入恰好为700万日元等加入图解当中。

对于(4)：本题当中，为思考“X、Y、Z与木田、林田、森田的姓名对应关系”使用了表格。形成表格后，可以验证我们的思考是否涵盖了所有有用的信息，还有助于我们在头脑中整理信息。

即使是相同的信息，也可以使用不同的方法进行图解。请用自己的图解方法思考如何解答本题。

在能够思考出的所有方法都受到限制时，将所有方法都写出来，很多情况下都会发现突破点。

如果能够限定搜索答案的范围，那么必定可以找到答案。

此外本题还使用了反证法。在难以直接证明结论正确性的情况下，反证法是非常有效的证明方法。

本题在解题过程中几乎没有使用公式，但其却是一道检验数学能力的好题。不愧是广中杯——初中数学奥林匹克的题目。

第三章

高 中 篇

长冈亮介先生曾在他的著作中写道：

“难得学习一次，‘像马吃饲料一般解题’是不行的。要像用心品尝一流的料理或满怀爱意的母亲精心制作的美味佳肴一样，让身心获得成长一般解题。年轻人通过体验高品质、值得思考的好题可以获得让人难以置信的成长和进步。在这个过程中，还可以体会到精英应有的自豪、担当和忧虑。”

本章收录了东京大学和京都大学等最难考大学的入学考试试题，它们都是使学习者的数学思维能力大幅提升的好题。请读者一定要细细斟酌品味。

第 **13** 题

确认逻辑基础的题目

神户大学 2010 年度 | ▸难易度： | ▸目标解题时间：10 分钟

假设 a、b 是自然数。请回答下列问题。

（1）当 ab 是 3 的倍数时，证明 a 或 b 是 3 的倍数。

（2）当 $a+b$ 和 ab 均是 3 的倍数时，证明 a 和 b 均是 3 的倍数。

（3）当 $a+b$ 和 a^2+b^2 均是 3 的倍数时，证明 a 和 b 均是 3 的倍数。

前提知识、公式

◎命题“$P\Rightarrow Q$”的真伪与其逆否命题“$\Rightarrow$”($\Rightarrow$分别表示P、Q的否定)的真伪一致。

◎a、b、p、q是整数，且a和b互为质数(互为质数是指如“2和3”或“4和9”一样，最大公约数是1)时，

$$ap=bq\Rightarrow p\text{是}b\text{的倍数且}q\text{是}a\text{的倍数}$$

(例)p和q是整数时，若$5p=3q$，因为右侧是3的倍数，所以$5p$也是3的倍数。但是因为3和5互为质数，所以5不可能是3的倍数。由此可知，p是3的倍数。同理可证q也是5的倍数。

（1）的解题思路探讨

由假设“当ab是3的倍数时，a或b是3的倍数”可知“ab是3的倍数”，所以一般从

$$ab=3m（m是整数）$$

开始。

但是将该公式变形，推导出“a或b是3的倍数”很麻烦。于是考虑逆否命题。

（1）的解答

证明给出命题的逆否命题，即“当a且b不是3的倍数时，ab不是3的倍数”。

因为a且b不是3的倍数，所以

$$a=3m+k、b=3n+l（m、n是整数，k、l是1 或 2）$$

由此可知，

$$\begin{aligned}ab&=(3m+k)(3n+l)\\&=9mn+3ml+3nk+kl\\&=3(3mn+ml+nk)+kl\end{aligned}$$

这里因为$3mn+ml+nk$是整数，$kl=1$ 或 2 或 4，所以ab不是3的倍数。综上所述**逆否命题为真**。所以原命题“当ab是3的倍数时，a或b是3的倍数”也为真。

（证明完毕）

（2）的解题思路探讨

此次假设“$a+b$是3的倍数”和“ab是3的倍数”。其中，后者与(1)的假设相

同。于是如下图所示，可以用(1)中获得的结论"a或b是3的倍数"作为假设取代"ab是3的倍数"。

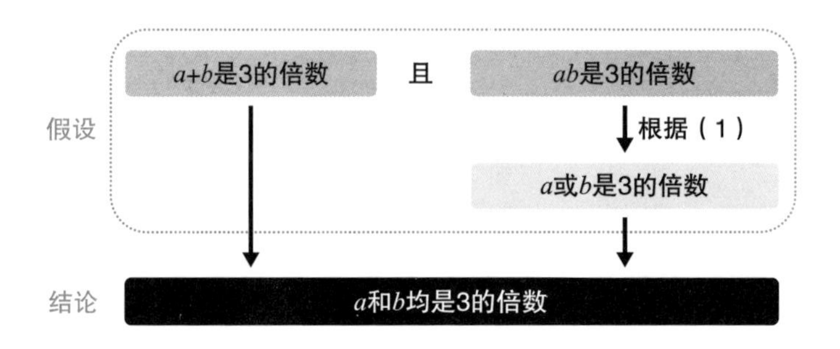

（2）的解答

根据(1)，**如果ab是3的倍数，则a或b是3的倍数**。因此分别思考当a是3的倍数时和当b是3的倍数时的情况。

(i)当a是3的倍数时

$$a=3m\text{（}m\text{是整数）}\quad\cdots\cdots①$$

根据假设，因为$a+b$也是3的倍数，所以

$$a+b=3p\text{（}p\text{是整数）}\quad\cdots\cdots②$$

将①代入②后，得到

$$3m+b=3p \Rightarrow b=3p-3m=3(p-m)$$

因为$p-m$是整数，所以b是3的倍数。

综上所述，a和b均是3的倍数。

(ii)当b是3的倍数时

$$b=3n\text{（}n\text{是整数）}\quad\cdots\cdots③$$

将③代入②后，得到与(i)完全相同的结果，由此可证明a也是3的倍数。

综上所述，a和b均是3的倍数。

在(i)(ii)任意情况下均可得到a和b是3的倍数。

（证明完毕）

（3）的解题思路探讨

(3)的假设为“$a+b$是3的倍数”和“a^2+b^2是3的倍数”两个。

这次前者与(2)相同，结论也与(2)相同，即只要证明**“a^2+b^2是3的倍数”**⇒**“ab是3的倍数”**即可。让我们同样进行图解。

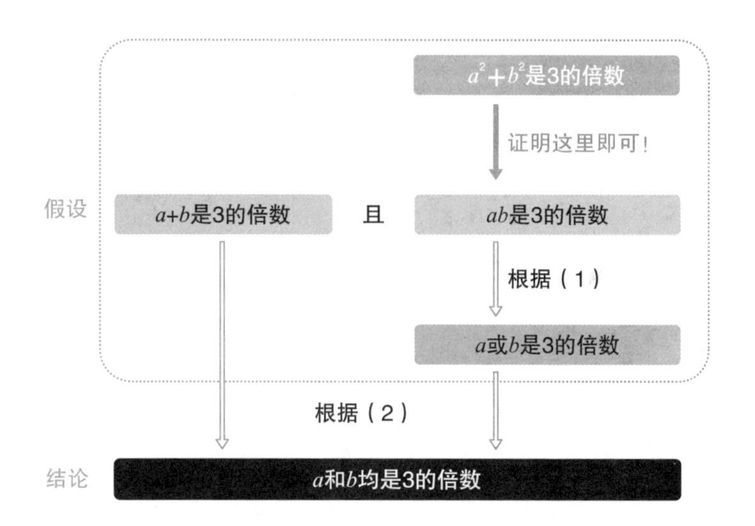

“a^2+b^2是3的倍数”⇒**“ab是3的倍数”**可以采用与(1)相同的逆否命题进行证明(后述)，这里尝试利用2和3互为质数这一点。

（3）的解答

根据假设，因为$a+b$是3的倍数，所以与(2)相同，

$$a+b=3p(p\text{是整数}) \quad \cdots\cdots②$$

此外，根据假设，因为a^2+b^2也是3的倍数，所以

$$a^2+b^2=3q(q\text{是整数}) \quad \cdots\cdots④$$

将④变形，

$$a^2+b^2=3q$$
$$\Rightarrow (a+b)^2-2ab=3q$$

$(a+b)^2=a^2+b^2+2ab$
$\Rightarrow a^2+b^2=(a+b)^2-2ab$

代入②后

$$\Rightarrow (3p)^2-2ab=3q$$
$$\Rightarrow 2ab=9p^2-3q=3(3p^2-q)$$

这里因为$3p^2-q$是整数，2和3互为质数，所以ab是3的倍数。

综上所述，$a+b$和ab均是3的倍数。所以根据(2)可得出a和b均是3的倍数。

（证明完毕）

（3）的其他解答：使用逆否命题证明

证明"a^2+b^2是3的倍数$\Rightarrow ab$是3的倍数"的逆否命题**"ab不是3的倍数$\Rightarrow$ a^2+b^2不是3的倍数"**。

因为ab不是3的倍数，所以

$$ab=3r+k(r\text{是整数，}k\text{是1或 2}) \quad \cdots\cdots⑤$$

根据假设，因为$a+b$是3的倍数，所以与(2)相同，

$$a+b=3p\ (p\text{是整数}) \quad \cdots\cdots②$$

在②的两边各自平方，

$$\begin{aligned}&(a+b)^2=(3p)^2\\ \Rightarrow\ &a^2+2ab+b^2=9p^2\\ \Rightarrow\ &a^2+b^2=9p^2-2ab\end{aligned}$$

代入⑤后

$$\begin{aligned}\Rightarrow a^2+b^2&=9p^2-2(3r+k)\\ &=9p^2-6r-2k\\ &=3(3p^2-2r)-2k\end{aligned}$$

这里因为$3p^2-2r$是整数，$2k=2$ 或 4(因为k是1 或 2)，a^2+b^2不是3的倍数。综上所述逆否命题为真。所以原命题“a^2+b^2是3的倍数⇒ab是3的倍数”也为真。

最终，知道$a+b$和ab均是3的倍数，所以根据(2)可得出a和b均是3的倍数。

（证明完毕）

永野之见

某命题与该命题的逆否命题一致的原因如下：

假设条件P为“居住在东京都”，条件Q为“居住在日本”，当然$P \Rightarrow Q$为真命题，如下图所示：

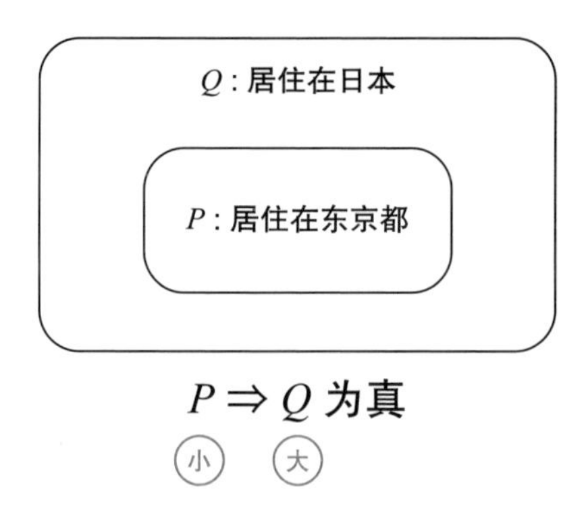

$P \Rightarrow Q$ 为真

小　大

即一个条件包含在其他条件内时，“小⇒大”必为真。

下面来看$P \Rightarrow Q$的逆否命题（对调⇒的前后内容并进行否定的命题）即⇒。两个命题的逆命题分别为“没有居住在日本”“没有居住在东京都”，所以其逆否命题为“没有居住在日本⇒没有居住在东京都”，如下图所示。

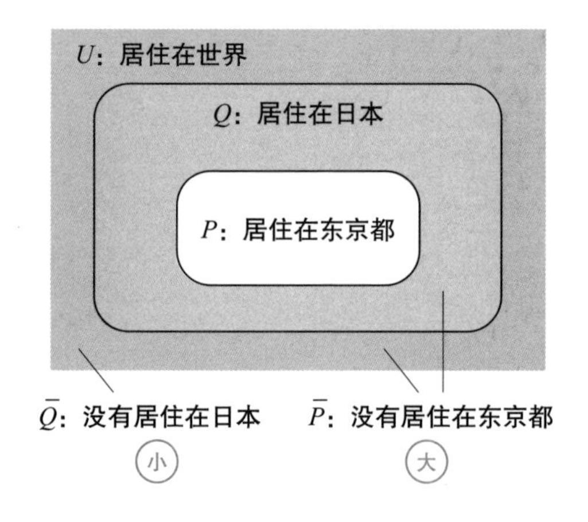

可以看出⇒为“小⇒大”。因此逆否命题也为真。

像这样，**$P \Rightarrow Q$为真时（$P \Rightarrow Q$为“小⇒大”时），$\overline{Q} \Rightarrow \overline{P}$为“小⇒大”，为真。**

很多人会觉得在(3)中只要证明“ab是3的倍数”⇒“a^2+b^2是3的倍数”即可。**但是，为使用$P \Rightarrow Q$为真证明$R \Rightarrow Q$为真，需要证明$R \Rightarrow P$为真。如此一来$R \Rightarrow P \Rightarrow Q$，可以证明$R \Rightarrow Q$。**

下面以“一个条件包含在其他条件内时，‘小⇒大’必为真”为例进行介绍。

现在，假设已证明$P \Rightarrow Q$为真，且$P \Rightarrow R$。但是，仅凭此并不知道R和Q的大小关系。$R \Rightarrow Q$可能并不是“小⇒大”，因此不能说$R \Rightarrow Q$。

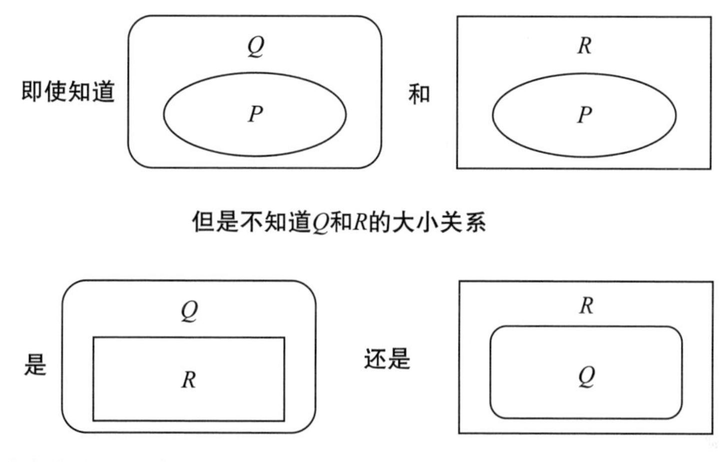

本题并非难题。但是，在让考生们做这道题后，我发现能够正确证明的学生很少。虽然理解逆否命题、理解“小⇒大”为真是逻辑思维的基础，但是很多学生却没有重视这一点。当然，教师也有着很大的责任。笔者觉得，从为这种教育现状敲响警钟的角度出发，本题作为测试有无逻辑思维能力的题目是一道好题。

第 **14** 题

学习何为绝对存在的题目

早稻田大学 1996 年度 ▸难易度：简单 **普通** 难 ▸目标解题时间：15 分钟

在平面 x–y 中，将 x 坐标、y 坐标同为整数的点（x，y）称为格子点。现在任意选择相互不同的 5 个格子点，证明其中具有下列性质的格子点至少存在一对。

连接成对格子点的线段中点也是格子点。

前提知识、公式

◎中点

当点A的坐标为(x_a, y_a)、点B的坐标为(x_b, y_b)时，线段AB的中点坐标为

$$\left(\frac{x_a+x_b}{2}, \frac{y_a+y_b}{2}\right)$$

◎鸽巢原理

当自然数n、m的关系为$n>m$时，将n个物品放入m个箱子内后，至少有1个箱子内放入超过1个物品。

例）

- 有9个鸽巢，飞来10只鸽子，则至少有1个巢内有超过1只鸽子。
- 13个人聚在一起时，一定会有出生月份相同的人。
- 足球队(11人)中一定有号码个位相同的人。

解题思路探讨

首先思考中点为格子点的条件。$A(x_a, y_a)$、$B(x_b, y_b)$的中点坐标为$\left(\frac{x_a+x_b}{2}, \frac{y_a+y_b}{2}\right)$所以如果$x_a+x_b$和$y_a+y_b$是偶数，则中点也是格子点。

为使两数之和为偶数，则需要是偶数+偶数或奇数+奇数。为证明确实存在x坐标和y坐标均如此的组合，只要想到能否使用鸽巢原理即可解开此题。

解答

现在，假设a、b、c、d为整数，格子点P和Q的坐标分别为$P(a, b)$和$Q(c, d)$。此时，线段PQ的中点M如下所示。

$$M=\left(\frac{a+c}{2}, \frac{b+d}{2}\right)$$

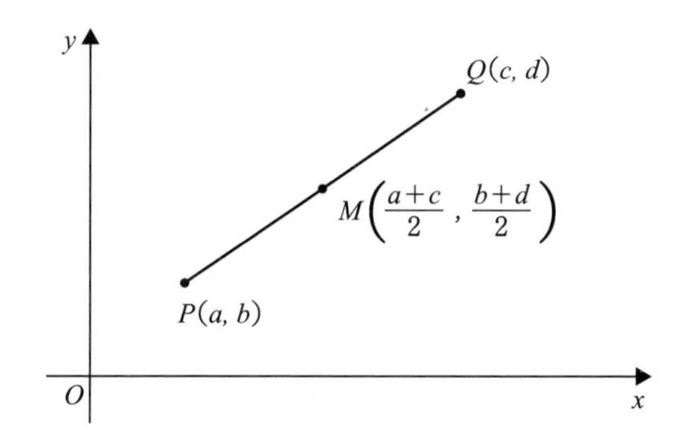

在平面$x-y$中，将x坐标和y坐标分为偶数和奇数时，能够想到的情况有以下4种：

（偶数，偶数）（偶数，奇数）（奇数，偶数）（奇数，奇数）

这里准备4间有名字的房间。

另外，将5个格子点命名为A、B、C、D、E。这样房间只有4间，所以至少有1间房间内会放入2个点。下图为B和E放入(偶数，奇数)同一房间的情况。

(偶数，偶数)	(偶数，奇数)	(奇数，偶数)	(奇数，奇数)
A	***B*、*E***	***C***	***D***

将放入同一房间的2点坐标分别设为(a, b)和(c, d)，则“a和c”及“b和d”的奇偶均一致(将“同为偶数”或“同为奇数”称为“奇偶一致”)。

因为偶数+偶数或奇数+奇数为偶数，所以两点中点的坐标**为**

$$\left(\frac{a+c}{2}, \frac{b+d}{2}\right)=\left(\frac{\text{偶数}}{2}, \frac{\text{偶数}}{2}\right)=(\text{整数, 整数})$$

所以，至少存在一对格子点的中点是格子点。

(证明完毕)

永野之见

鸽巢原理**是不以其他任何事实为依据证明的"原理"**。基本上，鸽巢原理是可以确保"**个数超过其种类时，必定存在多个分类为相同种类的物品**"的原理。

在高中之前，我们并没有学习过鸽巢原理。但是，鸽巢原理是与反证法和数学归纳法同等重要的数学论证方法。

实际上，使用鸽巢原理的题目不仅频繁出现在数学奥林匹克竞赛题中，如本题一样，在大学入学考试题当中也经常出现。

本题很难写出答案，即使意识到只要使用"鸽巢原理"即可，还是会有很多人不知如何着手。

正如"前言"当中所提到的，**综合自己思考的过程，按顺序进行说明的能力**为**数学思维能力**之一。写出证明是锻炼这一能力的最直接的训练。但是，证明并不需要十分优雅。笔者认为，相比出人意料的新奇方式，**考虑到读者是否容易理解**的证明才是好的证明。

请"不擅长证明、不知道写什么"的人不要将读者当成老师（比自己优秀的人），而是按照自己是老师的心理去写："啊，这里可能不知道使用了解的公式，写上'根据了解的公式'吧……"按照这样的标准一步一步写出证明过程，如此一来，可以填满"空行"，写出好的证明（至少是易懂的证明）。

仅在自己头脑当中理解的"正确"并不能说是完全实现了其价值，只有分享"正确"才有意义。为了使数学思维能力为社会做出贡献，需要想象受众，并考虑他们的要求。

第 **15** 题

增加信息、反复“代入”的题目

京都大学 1999 年度

有关自然数 a、b、c，等式 $a^2+b^2=c^2$ 成立，且 a、b 互为质数。此时，请证明下述情况成立。

（1）若 a 是奇数，则 b 是偶数，因此 c 是奇数。

（2）当 a 是奇数时，有自然数 d 使得 $a+c=2d^2$ 成立。

前提知识、公式

◎反证法

通过假设证明否定结论，从而推导出矛盾进行证明的方法。

（1）的解题思路探讨

因为“a是奇数”，所以通常我们想到$a=2m-1$，但仅凭此并不能证明“b是偶数”。于是我们想到“假设b是奇数，证明其不合理(矛盾)即可”，即想到使用反证法，便可以解出此题。

此外，当我们发现不合理时，可以使用“**整数当中只有偶数和奇数(不存在既不是偶数也不是奇数的整数)**”这一事实。

（1）的解答

下面使用的数字全部为自然数。

因为a是奇数，所以

$$a=2m-1 \quad \cdots\cdots①$$

假设b是奇数，得出

$$b=2n-1 \quad \cdots\cdots②$$

将①、②代入$a^2+b^2=c^2$。

$$(2m-1)^2+(2n-1)^2=c^2$$
$$\Rightarrow 4m^2-4m+1+4n^2-4n+1=c^2$$
$$\Rightarrow c^2=4(m^2+n^2-m-n)+2 \quad \cdots\cdots③$$

因为m^2+n^2-m-n是整数，所以**c^2除以4后的余数是2**。

而当**c是偶数时**，根据

$$c=2l \Rightarrow c^2=(2l)^2=4l^2$$

可得出(因为l^2是整数，所以)c^2是4的倍数，当c是奇数时，根据

$$c=2l-1 \Rightarrow c^2=(2l-1)^2=4l^2-4l+1=4(l^2-l)+1$$

可得出(因为l^2-l是整数，所以)c^2除以4后余数是1。

两种情况均与③矛盾。因此b是偶数。

因为

$$b=2n \quad \cdots\cdots④$$

将①和④代入$a^2+b^2=c^2$后，

$$
\begin{aligned}
&(2m-1)^2+(2n)^2=c^2\\
&\Rightarrow 4m^2-4m+1+4n^2=c^2\\
&\Rightarrow c^2=2(2m^2-2m+2n^2)+1
\end{aligned}
$$

即c^2是奇数。

因为当c是偶数时，c^2不可能是奇数，所以c是奇数。

（证明完毕）

（2）的解题思路探讨

因为题目给出的等式为$a^2+b^2=c^2$，所以为使该等式与$a+c$相关，最开始的关键是能否联想到因数分解$c^2-a^2=(c+a)(c-a)$。当然，(1)中得出的事实“当a是奇数时，b是偶数、c是奇数”也会给出提示。

之后我们只要思考如何使用题目中的条件“***a*、*b*互为质数**”即可。

（2）的解答

$$
\begin{aligned}
a^2+b^2=c^2 &\Rightarrow b^2=c^2-a^2\\
&\Rightarrow b^2=(c+a)(c-a)\quad \cdots\cdots⑤
\end{aligned}
$$

当a是奇数时，根据(1)可得出b是偶数、c是奇数。所以可得出[因为根据①、⑥可得出$a+c=(2m-1)+(2l-1)=2(l+m-1)$，所以需要意识到为证明存在满足$a+c=2d^2 \Leftrightarrow 2(l+m-1)=2d^2$的$d$，只要证明存在满足$l+m-1=d^2$的$d$即可]

$$
a=2m-1\quad \cdots\cdots①,\ b=2n\quad \cdots\cdots④,\ c=2l-1\quad \cdots\cdots⑥
$$

将①、④、⑥代入⑤后得出

$$
\begin{aligned}
(2n)^2&=\{(2l-1)+(2m-1)\}\{(2l-1)-(2m-1)\}\\
&=(2l+2m-2)(2l-2m)\\
&=2(l+m-1)\cdot 2(l-m)\\
&=4(l+m-1)(l-m)\\
&\Rightarrow 4n^2=4(l+m-1)(l-m)\\
&\Rightarrow n^2=(l+m-1)(l-m)\quad\cdots\cdots⑦
\end{aligned}
$$

这里，若$l+m-1$和$l-m$并非互为质数，则$l+m-1$和$l-m$之间存在共同的质因数，所以将其设为p，即[例如，当存在满足$6^2=xy$的整数x、y时，如果x和y并非互为质数(最大公约数是1)，则会出现$x=3$、$y=12$，x和y均不是平方数的情况。而如果x和y互为质数，则有$6^2=2^2\cdot 3^2$和$6^2=1^2\cdot 6^2$，x和y必为平方数。这表明如果知道$l+m-1$和$l-m$互为质数，根据⑦可得出存在满足$l+m-1=d^2$的d，即之后的目标便是证明$l+m-1$和$l-m$互为质数]

$$l+m-1=p\alpha\quad\cdots\cdots⑧,\ l-m=p\beta\quad\cdots\cdots⑨$$

将⑧、⑨代入⑦后得出(当你“看到”将⑧、⑨代入⑦后得出⑩的式子，于是想到可以用于证明“n^2是P的倍数⇒n是p的倍数”，因而将⑧和⑨代入⑩)

$$n^2=p^2\alpha\beta\quad\cdots\cdots⑩$$

根据⑩可得出n^2是p的倍数，而p是质数，所以n也是p的倍数(可使用逆否命题证明当p是质数时，“n^2是P的倍数⇒n是p的倍数”为真)。如此一来，根据④可得出b也是p的倍数(只要证明“a和b同为p的倍数”，即可得出与题目中的条件“a和b互为质数”矛盾，反证法结束)。

$b=2n$

而计算⑧－⑨后，根据①可得出

$$2m-1=p(\alpha-\beta)\Rightarrow a=p(\alpha-\beta)\quad\cdots\cdots⑪$$

$a=2m-1$

根据⑪可得出α也是p的倍数。但是所给出的条件中“a与b互为质数”，所以与此**矛盾**。综上所述**$l+m-1$和$l-m$互为质数**。

这里重新思考⑦。假设n是使用k种质数p_1、p_2、……、p_k

$$n=p_1^{q1}\cdot p_2^{q2}\cdots\cdots p_k^{qk}$$

进行质因数分解的数，则

$$n^2=p_1^{2q1}\cdot p_2^{2q2}\cdots\cdots p_k^{2qk}$$

将其代入⑦之后可得出

$$p_1^{2q1}\cdot p_2^{2q2}\cdots\cdots p_k^{2qk}=(l+m-1)(l-m)$$

而因为$l+m-1$和$l-m$互为质数，所以$l+m-1$和$l-m$没有共同的质因数。

换言之，$l+m-1$如果对$p_i(i=1、2、\cdots\cdots、k)$有因数（因为$l-m$对$p_i$没有因数），则$l+m-1$对$p_i^{2qi}$有因数。这意味着$\boldsymbol{l+m-1}$和$\boldsymbol{l-m}$**均是平方数。**

综上所述，存在满足

$$l+m-1=d^2$$

的整数d。此时，根据①和⑥可得出

$$a+c=2m-1+2l-1=2(l+m-1)=2d^2$$

（证明完毕）

补充

当p是质数时，证明“n^2是p的倍数⇒n是p的倍数”。

证明逆否命题“n不是p的倍数⇒n^2不是p的倍数”。

因为n不是p的倍数，所以

$$n=pq+r \quad (r=1,\ 2,\ \cdots\cdots,\ p-1)$$

此时，

$$n^2=(pq+r)^2=p^2q^2+2pqr+r^2=p(pq^2+2qr)+r^2$$

这里，因为r是满足$1\leq r\leq p-1$的整数，p是质数，所以r^2不可能是p的倍数(如果p是质数且r是满足$1\leq r\leq p-1$的整数，则p和r互为质数，所以r^2不可能是p的倍数)。由此可知n^2不是p的倍数。因为逆否命题为真，所以**原命题“n^2是p的倍数⇒n是p的倍数”也为真。**

（证明完毕）

永野之见

19世纪最伟大的数学家之一高斯留下了经典名言“数论是数学的女王”。数论是指研究1、2、3……连续自然数(1以上的整数)的数学领域。

笔者认为，高斯的这句名言不仅体现出数论涉及的内容多为高难度的题目，也体现出其解法之多所带来的美感。此外，其理论和方法较为独特，在其他领域并没有应用，这种孤傲的品质可能也使得数论具有“女工”般的品格。

在日本2012年实施的高中“新课程”中，数A新增加了“整数的性质”这一内容。但在该内容加入指导大纲之前，类似于本题的整数相关问题早已纳入了以东京大学、京都大学等最难考大学为中心的学校的出题范围。

整数问题有很多种独特的解题方法，下面向您特别介绍4种方法。

(i)采用积的公式。

(ii)思考极端事例。

(iii)利用“互为质数”。

(iv)区分偶数和奇数。

本题(2)中变形为$c^2-a^2=(c+a)(c-a)$便是采用了(i)的方法，而且利用$l+m-1$和$l-m$互为质数进行思考是采用了(iii)的方法。

此外，本题当中(iv)也是重要的一点。将无限的自然数分为偶数和奇数，也属于第7题(第052页)中提到的“分割困难”的范畴。

本题在大学入学考试题中属于相当难的题目，但也绝非偏题。只要使用数论中典型且独特的方法即可最终完成解答。笔者认为这是一道与所谓的应试数学不同、能够感受到数论作为“女王”的魅力的好题。

关于反证法

反证法的步骤如下 ：

(i)否定需要证明的结论。

(ii)推导出矛盾。

一提到“反证法”，有人可能会觉得比较复杂，其实反证法就是“**如果是○○的话，则很奇怪。所以不是○○**”的思路。

例如，在刑侦电视剧当中，通过不在场证明确认无罪的方法便是使用反证法。嫌疑人(及其律师)首先否定需要证明的结论，即假设“嫌疑人有罪”，然后指出与犯罪时间内的不在场证明相矛盾，由此证明无罪。在证明**不可能、不存在、无限**等情况时经常使用反证法。

这里以证明质数有无数个为例，尝试使用反证法。

证明质数有无数个

假设质数的个数有限(←假设需要证明结论的否定结论)

现在，假设质数的个数有n个，从小到大的顺序依次命名为

$$P_1, P_2, P_3 \cdots\cdots, P_n$$

此时P_n是最大的质数。

然后使用此n个质数，得出

$$Q=P_1 \times P_2 \times P_3 \times \cdots\cdots \times P_n+1$$

如此一来，Q无法被P_1，P_2，P_3，……，P_n中任意质数整除(余数是1)，即Q是只能被1和自己整除的质数(如果Q不是质数，就会被其他质数整除)。

然后根据上式，可知

$$Q>P_n$$

这与P_n是最大质数相矛盾。

综上所述，质数有无数个。

(证明完毕)

有人分不清在证明当中使用了反证法还是逆否命题，下面是图解。

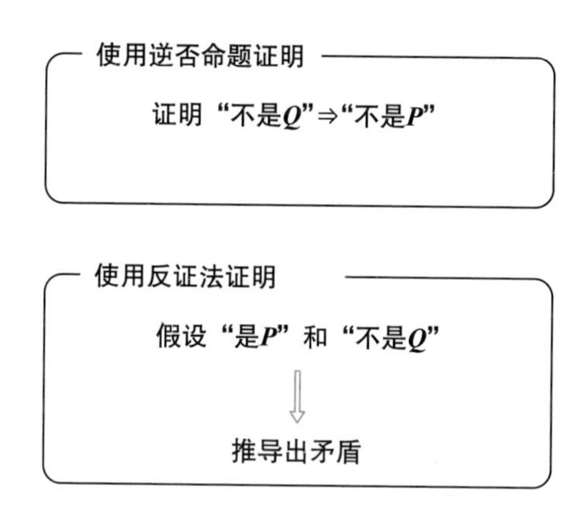

当直接证明没有头绪时，思考使用逆否命题和反证法是证明题的基本方法。

关于代入

本题的解答过程多次出现“代入”。

想必各位读者已经知道，**代入是指将公式中的文字置换为数字和其他文字、数式**。“代入”是在学习数学中的文字式时出现的词语。

前文中提及过，数学中使用文字式的理由是“希望将获得的想法和解法一般化”(第064页)。例如，半径r的圆面积S用文字式表达为

$$S=r^2\pi$$

将5或100代入该公式的r中，无论是半径为5的圆还是半径为100的圆，都可以立即求出其面积。像这样将具体的数字代入文字式的文字中，很少有人会感到奇怪或是不可思议。其实上式只是将小学学过的

圆的面积＝半径×半径×圆周率

用字母表示而已。您已经习惯了将喜欢的(正)数字填入该公式的“半径”求出

面积吧。

但是，很多人可能会对将某数式中的文字置换为其他文字式的“代入”感到困惑。

学生第一次“将文字式代入文字”的经验是在学习联合方程时。

例如，联合方程

$$\begin{cases} x+y=3 & \cdots\cdots① \\ x-y=1 & \cdots\cdots② \end{cases}$$

当学生学习了下列两种方法后，可能没有人会自发地选择代入法解题。

加减法

$$\begin{array}{rl} x+y=3 & \cdots\cdots① \\ +)\ x-y=1 & \cdots\cdots② \\ \hline 2x-y=4 & \end{array}$$

$\Rightarrow x=2$

根据① $2+y=3$

$\Rightarrow y=1$

代入法

根据①

$y=-x+3$

将其代入②

$x-(-x+3)=1$

$\Rightarrow 2x=4$

$\Rightarrow x=2$

根据① $2+y=3$

$\Rightarrow y=1$

不仅是数学，物理等所有自然科学当中也广泛应用着“代入法”。由于可以使用加减法的情况有限，所以代入法可以说是万能的。

用数字代替某文字，代入其他公式当中，是联合方程或存在多个变量的函数中常用的消除未知数的方法。

而且代入所带来的效果并不仅限于此。

例如，证明有两个整数x、y，当x是偶数、y是奇数时，$x+y$必为奇数，如果使用下列文字式，则可以非常简单明了地完成证明。

$$x=2m,\ y=2n+1\ (m,\ n\text{是整数})$$

$$\Rightarrow x+y=2m+2n+1=2(m+n)+1$$

在此证明过程中，将$x=2m$、$y=2n+1$代入$x+y$表示将“x是偶数、y是奇数”的信息代入“$x+y$”的计算式(数式)中。由此可以得出“$x+y$是奇数”的事实，**即所谓的通过代入增加信息，发现新的事实。**

本题当中不断重复代入正与此相同。不断加入在得出结论的过程中发现的新信息，进一步增加信息，以此发现最终的事实。

请大家不要忘记，将文字式代入文字的行为不仅可以消除未知数，还可以增加信息。

第 16 题

启发数学学习方法的题目

东京大学 2003 年度 ▸难易度：简单 普通 难 ▸目标解题时间：20 分钟

问题 **请证明圆周率大于 3.05。**

前提知识、公式

◎无理数的近似值

$$\sqrt{2}=1.41421356\quad\cdots\cdots$$
$$\sqrt{3}=1.7320508\quad\cdots\cdots$$

◎特殊的直角三角形

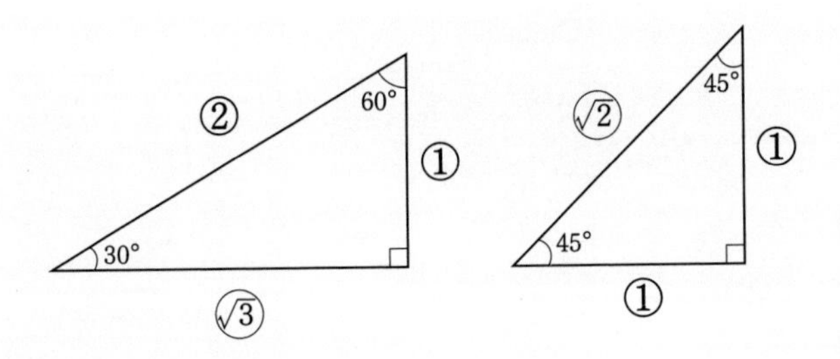

◎双重根号的去根号方法

$$\sqrt{(a+b)-2\sqrt{ab}}=\sqrt{a-2\sqrt{ab}+b}=\sqrt{(\sqrt{a}-\sqrt{b})^2}=|\sqrt{a}-\sqrt{b}|$$

解题思路探讨

将圆周率设为π，可得出

$$圆周=直径\times\pi \Rightarrow \pi=\frac{圆周}{直径}$$

圆周率是圆周对直径的比例(率)。

我们假设圆的半径为1，那么圆的周长$=2\pi$，所以为了证明$3.05<\pi$，只要证明**$6.10<2\pi$即可**，即只要证明半径为1的圆的周长大于6.10即可。

于是我们思考可以短于半径为1的圆周，且可以计算周长，内接于圆的正多边形。

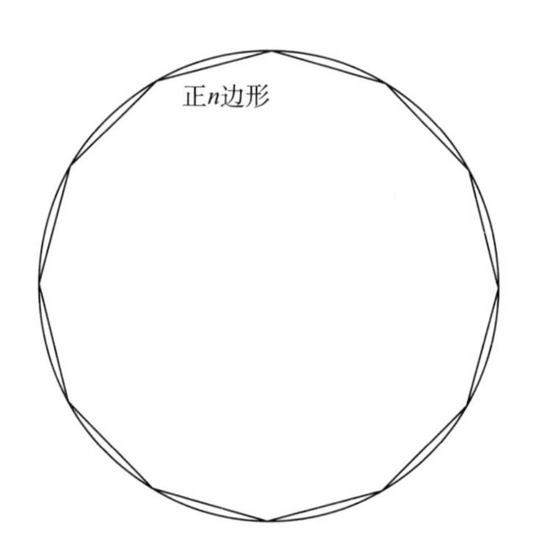

将内接于半径为1的圆的正n边形的周长设为l，可得出

$$l<2\pi$$

因此，目标是找到$6.10\leq l$的正n边形。但是，不知道究竟需要多少边形，于是尝试将具体数字代入n。

正四边形($n=4$)时:

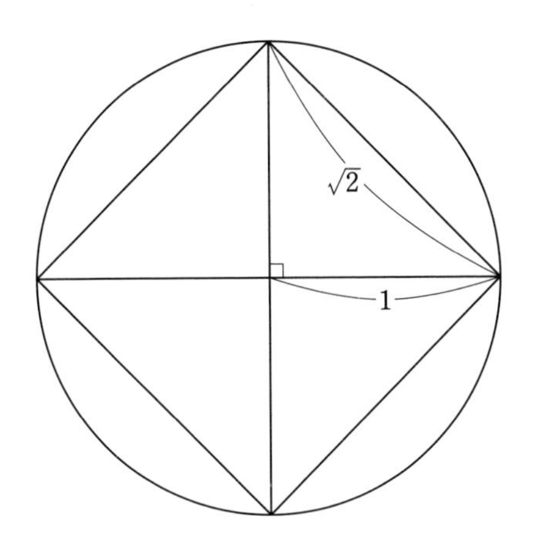

根据图，正四边形的边长为$\sqrt{2}=1.4142\cdots\cdots>1.41$，

$$l=4\times\sqrt{2}>4\times1.41=5.64$$

这个结果不足6.10。我们需要更高的精度。

下面尝试正六边形($n=6$)。

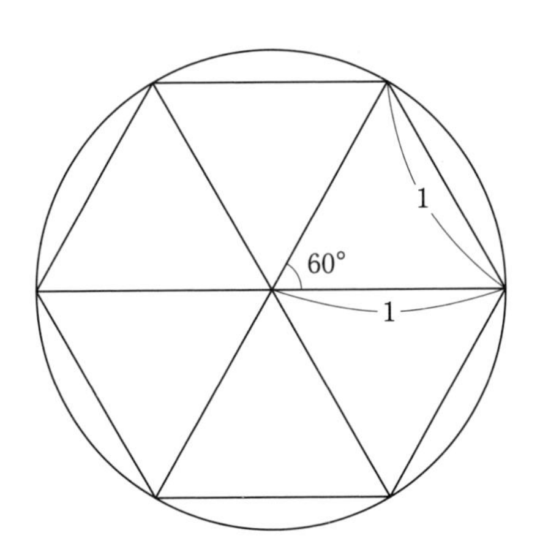

根据图，正六边形的周长为

$$l=6\times1=6$$

这个结果距离6.10还差一些。

似乎需要更大一些的n值。

这次将正八边形设为候补，实际上正八边形也不够(请一定要尝试一下)。**于是思考正十二边形(n=12)**。

解答

将内接于半径为1的圆的正十二边形的边长设为x。

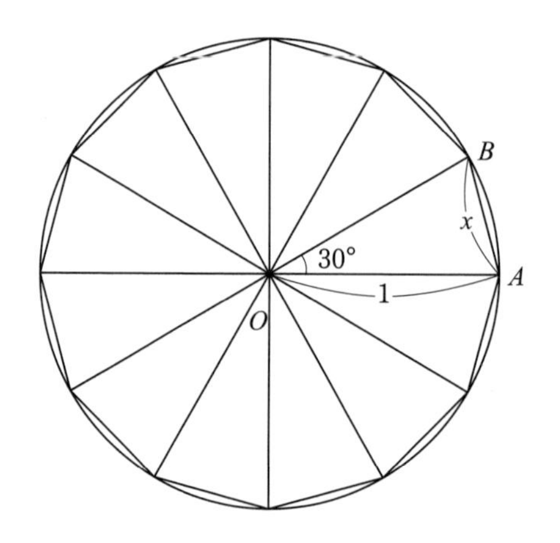

在△OAB中，由B点向OA引出垂线。使用特殊三角形——**一个角为30°的直角三角形的各边之比为1∶2∶$\sqrt{3}$**，根据$OB=1$，可得出

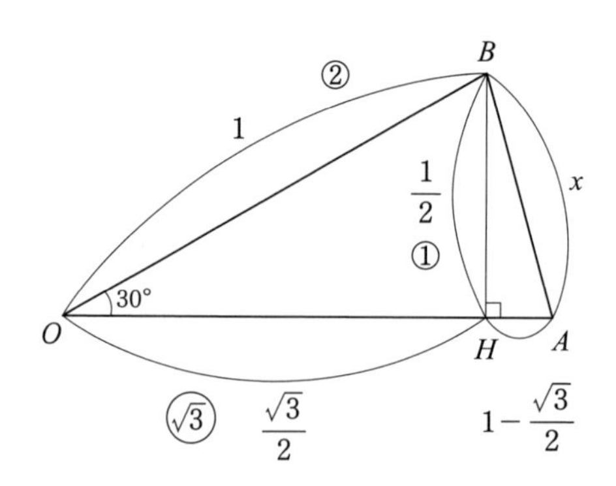

如图所示，可得出

$$BH=\frac{1}{2},\ OH=\frac{\sqrt{3}}{2}$$

此外，

$$HA=OA-OH=1-\frac{\sqrt{3}}{2}$$

在△BHA中使用勾股定理(第075页)

$$x^2=\left(1-\frac{\sqrt{3}}{2}\right)^2+\left(\frac{1}{2}\right)^2=1-\sqrt{3}+\frac{3}{4}+\frac{1}{4}=2-\sqrt{3}$$

由此可得出

$$x=\sqrt{2-\sqrt{3}}=\sqrt{\frac{4-2\sqrt{3}}{2}}$$
$$=\sqrt{\frac{3-2\sqrt{3}+1}{2}}=\sqrt{\frac{(\sqrt{3}-1)^2}{2}}$$
$$=\frac{\sqrt{3}-1}{\sqrt{2}}=\frac{\sqrt{6}-\sqrt{2}}{2}=\frac{\sqrt{2}(\sqrt{3}-1)}{2}$$

$$\sqrt{(a+b)-2\sqrt{ab}}=\sqrt{a-2\sqrt{ab}+b}=\sqrt{(\sqrt{a}-\sqrt{b})^2}=\left|\sqrt{a}-\sqrt{b}\right|$$

因为$\sqrt{2}>1.41$, $\sqrt{3}>1.73$，所以

$$x=\frac{\sqrt{2}(\sqrt{3}-1)}{2}>\frac{1.41\times(1.73-1)}{2}=\frac{1.41\times0.73}{2}=0.51465$$

即$x>0.51$。

将内接于半径为1的圆的正十二边形的周长设为l,

$$l=12x>12\times0.51=6.12\Rightarrow l>6.12\quad\cdots\cdots①$$
$$2\pi>l\quad\cdots\cdots②$$

根据①、②可得出

$$2\pi>l>6.12\Rightarrow 2\pi>6.12>6.10\Rightarrow \pi>3.05$$

（证明完毕）

永野之见

本题是2003年东大入学考试题目。这道题非常简单，出题的目的也很容易理解，因而在当时一度成为热门话题。

不仅是本题，无论多难的数学题，都只不过是基础题的组合。正因如此，我们在平时学习的时候一定要打好基础。

不知道读者是否知道在东京大学的网站上有这样一个网页——“**希望考生通过高级中学阶段的学习掌握的知识**(http://www.u-tokyo.ac.jp/stu03/e01_01_18_j.html)”。这个网站明确地向希望考入东大的高中生总结了应该在各科中学习的内容，非常具有启发性。所以不管你是不是要报考东大，都应该看一看。

数学方面写到应该培养下面三种能力:

(1)数学思维能力。
(2)数学表达能力。
(3)综合性数学能力。

这里特别向您介绍(1)的内容。

“用数学思维处理问题的能力”与单纯地掌握很多有关定理、公式的知识以及熟练地用其解决问题的技法并不相同。数学思维能力是从眼前的题目中捕捉信息并提取出数理的本质的能力，即数学的解读能力。在本学校的入学考试当中，并没有要求超出高级中学学习指导大纲范围的数学知识和技术。重点在于“用数学思维思考”，而不是单纯地掌握知识、技术。

虽然网站上写得如此清楚明确，但是背诵难题解法的学生仍屡见不鲜。然而越是难题，背诵其解法越没有意义。其原因在于难题是独创的，不太可能再次出现类似的题目。

学习数学这门科目的目的并不是为了期待出现类似题目。而是应该掌握将完全没有见过的新题分解为基本问题的技巧。那么为了实现这一目标需要哪些准备？应做好以下三点：

①完全掌握教科书中出现的词语定义。

②能够证明教科书中出现的所有定理、公式。

③能够完全解出教科书中的例题、应用题。

有关①

例如，您是否能够正确地描述绝对值和平方根的定义？想必有很多人都无法描述。不清楚定义的话是无法解题的，**正确地掌握所使用词语的定义是具备逻辑性的第一步**。

有关②

前文也曾写到，为正确输出公式，需要能够推导出公式(第064页)。

将数学能力称为找到过程的能力也不为过。例如，在求某图形角度的问题中，答案是30°。**但是即便能够毫不犹豫地回答出“30°”**，也并没有任何数学价值。

教科书凝聚了漫长历史中前辈们总结出来的数学精华，书写着各个时代众多天才的杰出成就。但是其本质并不在于结果，数学的本质一直以来都是“过程”。伟人们推导定理、公式的过程才是数学思维的极致。

有关③

教科书中出现的例题才是解决所有应用题的基础。但是应用题越难，则越无法看清其中的基础。

正因如此，需要大家将教科书中出现的基础题吃透。**笔者认为能用自己的语言给他人讲清楚即可。**

必须注意的是**不要混淆初步和基础**。如字面所示，初步是指最初的一步，因此内容非常简单。可以马上得到结果。但是，掌握基础则并非易事。

用棒球来举例的话就是投接球练习。用乐器来举例的话就是“音阶”。能够将这些基础运用自如绝非易事。数学也是如此。正因如此，笔者希望大家能够**脱离教科书，真正掌握基础**。

以笔者所见，有太多人明明没有掌握基础，却偏偏要尝试难题；明明不知道为何产生此种想法，却坚持背诵专家的解法。

笔者认为，只有在真正意义上掌握基础，才能在面对难题时毫不胆怯，在看到未能解答的问题的答案时，能够理解其思路的宝贵。

第 **17** 题

同时使用依次增加和依次减少的题目

大阪府立大学 2013 年度 ▸难易度：简单 普通 难 ▸目标解题时间：20 分钟

请根据下列数式中规定的数列 $\{a_n\}$，回答以下问题。

$$a_1=5,\ a_{n+1}=\frac{a_n}{2}+\frac{8}{a_n},\quad (n=1,2,3,\cdots\cdots)$$

（1）证明 $a_n>4$ 对所有自然数 n 成立。

（2）证明 $a_n+1<a_n$ 对所有自然数 n 成立。

（3）证明 $a_n-4\leqslant\frac{1}{2^{n-1}}$ 对所有自然数 n 成立。

前提知识、公式

◎数学归纳法

(i)证明$n=1$时成立。

(ii)假设$n=k$时成立，证明$n=k+1$时成立。

◎不等式的证明

证明$A>B\Rightarrow A-B>0$

◎不等式变形的基本

$x<y$时，若$z>0$，则$xz<yz$

（1）的解题思路探讨

因为本题是自然数的相关命题，所以尝试使用数学归纳法。

（1）的解答

证明$a_n>4$ ……☆

(i)当$n=1$时，因为

$$a_1=5>4$$

所以(☆)成立。

(ii)当$n=k$时，因为

$$a_k>4 \quad \cdots\cdots①$$

所以根据给出的递推关系式

$$a_k+1-4=\frac{a_k}{2}+\frac{8}{a_k}-4$$
$$=\frac{a_k^{\,2}+16-8a_k}{2a_k}$$
$$=\frac{(a_k-4)^2}{2a_k}>0$$

将给出的递推关系式中的n换成k后

$$a_{k+1}=\frac{a_k}{2}+\frac{8}{a_k}$$

因为假设$a_k>4$，所以不必担心分母为0或负、以及分子为0。

所以当$n=k+1$时☆也成立。

根据(i)、(ii)，$a_n>4$对所有自然数n均成立。

（证明完毕）

（2）的解题思路探讨

(2)与(1)同为有关自然数的命题，但是在同一大前提下很少会使用两次相同方法，所以要尝试使用**不等式证明**的基本方法，由认为较大的一方推导出较小的一方。

（2）的解答

$$
\begin{aligned}
a_n-a_{n+1}&=a_n-\left(\frac{a_n}{2}+\frac{8}{a_n}\right)\\
&=a_n-\frac{a_n}{2}-\frac{8}{a_n}\\
&=\frac{2a_n^{\,2}-a_n^{\,2}-16}{2a_n}\\
&=\frac{a_n^{\,2}-16}{2a_n}\\
&=\frac{(a_n+4)(a_n-4)}{2a_n}>0
\end{aligned}
$$

因为需要证明$a_n>a_{n+1}$，所以首先证明$a_n-a_{n+1}>0$。

$a^2-b^2=(a+b)(a-b)$

因为（1）中已经证明$a_n>4$，所以$a_n+4>0$、$a_n-4>0$、$2a_n>0$

所以

$$a_n-a_{n+1}>0\Rightarrow a_{n+1}<a_n$$

（证明完毕）

（3）的解题思路探讨

根据(1)可得出$0<a_n-4$，所以可知a_n-4的最小值大于0，而此次需要证明

$$a_n-4\leqslant\frac{1}{2^{n-1}}$$

即需要证明a_n-4的最大值小于$\frac{1}{2^{n-1}}$。

使用(2)中已证明的关系$a_{n+1}<a_n$，可得出

$$a_{n+1}-4<a_n-4$$

即

$$a_{n+1}<a_n$$

根据(1)，因为$a_n>4>0$，所以

$$\begin{gathered}a_n-4<a_{n-1}-4\\a_{n-1}-4<a_{n-2}-4\\a_{n-2}-4<a_{n-3}-4\\\cdots\\a_3-4<a_2-4\\a_2-4<a_1-4\end{gathered}$$

依次向$a_{n+1}-4<a_n-4$中的n代入$n-1$、$n-2$、$n-3$、……2、1。

将其合并后，得出

$$\begin{aligned}&a_n-4<a_{n-1}-4<a_{n-2}-4<a_{n-3}-4<\cdots\cdots<a_3-4<a_2-4<a_1-4\\&\Rightarrow a_n-4<a_1-4\\&\Rightarrow a_n-4<1\end{aligned}$$

根据$a_1=5$得出$a_1-4=1$

但是，仅仅如此并不足以解题，现在我们的目标是证明$a_n-4\leqslant\frac{1}{2^{n-1}}$。假设$n=3$，则需要证明

$$a^3-4\leqslant\frac{1}{2^{3-1}}=\frac{1}{2^2}=\frac{1}{4}\Rightarrow a^3-4\leqslant\frac{1}{4}$$

因此，仅证明a_n-4小于1是不够的，还需要更加详细地确认a_n-4的值。我们可以使用求出的$a_{n+1}-4$与a_n-4的不等式关系，并依次向n中代入$n-1$、$n-2$、$n-3$……2、1。

这里将(1)中(ii)得出的关系式变形，

$$a_{n+1}-4=\frac{(a_n-4)^2}{2a_n}\Rightarrow a_{n+1}-4=\frac{a_n-4}{2a_n}(a_n-4)$$

至此就可以解出题目了。

(3)的解答

根据(1)中(ii)的式子变形

$$\begin{aligned}a_{n+1}-4&=\frac{(a_n-4)^2}{2a_n}\\&=\frac{a_n-4}{2a_n}(a_n-4)\\&=\left(\frac{a_n}{2a_n}-\frac{4}{2a_n}\right)(a_n-4)\\&=\left(\frac{1}{2}-\frac{2}{a_n}\right)(a_n-4)\quad\cdots\cdots②\end{aligned}$$

根据(1)，因为$a_n>4>0$，所以

$$\begin{aligned}&\frac{1}{2}-\frac{2}{a_n}<\frac{1}{2}\\&\Rightarrow\left(\frac{1}{2}-\frac{2}{a_n}\right)(a_n-4)<\frac{1}{2}(a_n-4)\quad\cdots\cdots③\end{aligned}$$

因为$a_n>0$，所以$\frac{2}{a_n}>0$，通常

$a>0\Rightarrow x-a<x$

因为$a_n-4>0$，所以在不等式两边同时乘以a_n-4不等号不变

根据②和③，

$$\begin{aligned}&a_{n+1}-4=\left(\frac{1}{2}-\frac{2}{a_n}\right)(a_n-4)<\frac{1}{2}(a_n-4)\\&\Rightarrow a_{n+1}-4<\frac{1}{2}(a_n-4)\quad\cdots\cdots④\end{aligned}$$

将④的n置换为$n-1$后，得出

$$a_n-4<\frac{1}{2}(a_{n-1}-4) \quad \cdots\cdots⑤$$

然后将⑤的n置换为$n-1$后，得出

$$a_{n-1}-4<\frac{1}{2}(a_{n-2}-4) \quad \cdots\cdots⑥$$

合并⑤和⑥后

$$\begin{aligned} a_n-4 &<\frac{1}{2}(a_{n-1}-4) \\ &<\frac{1}{2}\cdot\frac{1}{2}(a_{n-2}-4) \quad \cdots\cdots⑦ \end{aligned}$$

蓝字部分使用⑥的关系

将⑥的n置换为$n-1$后，得出

$$a_{n-2}-4<\frac{1}{2}(a_{n-3}-4) \quad \cdots\cdots⑧$$

合并⑦和⑧后

$$\begin{aligned} a_n-4 &<\frac{1}{2}(a_{n-1}-4) \\ &<\frac{1}{2}\cdot\frac{1}{2}(a_{n-2}-4) \\ &<\frac{1}{2}\cdot\frac{1}{2}\cdot\frac{1}{2}(a_{n-3}-4) \end{aligned}$$

蓝字部分使用⑧的关系

之后继续进行变形后，可得出

$$
\begin{aligned}
a_n-4 &< \frac{1}{2}(a_{n-1}-4) \\
&< \left(\frac{1}{2}\right)^2(a_{n-2}-4) \\
&< \left(\frac{1}{2}\right)^3(a_{n-3}-4) \\
&< \cdots\cdots \\
&< \left(\frac{1}{2}\right)^{n-1}(a_1-4)
\end{aligned}
$$

$$\Rightarrow a_n-4<\frac{1}{2^{n-1}}(a_1-4) \quad \cdots\cdots ⑨$$

根据$a_1=5$，因为⑨所以

$$a_n-4<\left(\frac{1}{2}\right)^{n-1}(5-4) \Rightarrow a_n-4<\frac{1}{2^{n-1}}$$

（证明完毕）

永野之见

数学归纳法

数学归纳法的步骤
(i)证明$n=1$时成立。
(ii)假设$n=k$时成立，证明$n=k+1$时成立。

数学归纳法最关键的要点是**证明或假设$n=k$时成立，然后在证明$n=k+1$时适用**。想象多米诺骨牌的情形即可明白这一点。

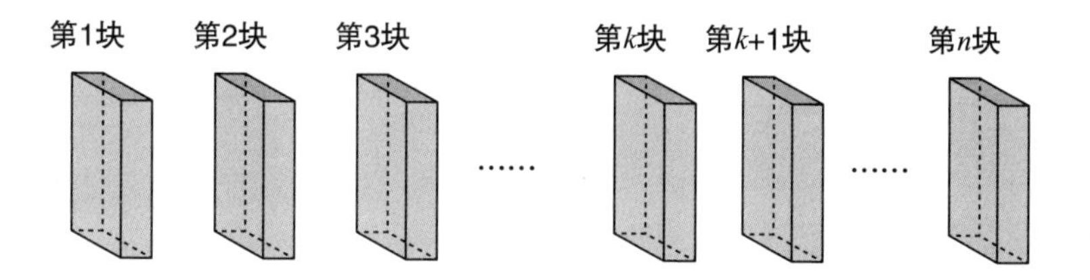

让我们来思考一下**多米诺骨牌成功（推倒所有多米诺骨牌）的条件**。假设排列有1000块多米诺骨牌。为成功推倒所有多米诺骨牌，需要确认：

推倒第1块多米诺骨牌(底面没有使用黏合剂等固定)。
第1块多米诺骨牌被推倒后，第2块多米诺骨牌被推倒。
第2块多米诺骨牌被推倒后，第3块多米诺骨牌被推倒。
第3块多米诺骨牌被推倒后，第4块多米诺骨牌被推倒。
……
第999块多米诺骨牌被推倒后，第1000块多米诺骨牌被推倒。

总结一下，

成功推倒多米诺骨牌的条件：
(i)第1块多米诺骨牌被推倒。
(ii)第2块以后的所有多米诺骨牌在前面的多数诺骨牌被推倒后被推倒。

数学归纳法中(i)和(ii)的步骤恰好和成功推倒多米诺骨牌的条件(i)和(ii)相当。

但是，无论排列多少块多米诺骨牌，数量是有限的，因此可以确认所有多米诺骨牌满足条件(或者说必须是这样)，而有关自然数的命题则是无限的，因此不可能具体确认所有情况。所以数学归纳法中**使用字母k将命题进行一般化。**

使用字母k进行表示的话，可以代入1、100或者999等任意自然数，所以**可证明所有自然数。**

(3)靠普通的方法无法解出，如“思考的过程”当中写到的，如果能够想到向(2)中获得的不等式的n依次代入$n-1$、$n-2$、$n-3$……2、1，就可以找到突破口。

像这样按照

$$n \to n-1 \to n-2 \to n-3 \to \cdots\cdots \to 2 \to 1$$

的顺序思考，与数学归纳法中

$$1 \to \cdots\cdots \to k \to k+1 \to \cdots\cdots \to n$$

的顺序相对称。

例如，如下所示，用递推关系式$(n+1)a_{n+1}=na_n$表示的数列一般项也可通过依次减小代入的值来求出。

$$(n+1)a_{n+1}=na_n \Rightarrow a_{n+1}=\frac{n}{n+1}a_n$$

据此得出

$$a_n=\frac{n-1}{n}a_{n-1}$$

$$a_{n-1}=\frac{n-2}{n-1}a_{n-2}$$

$$a_{n-2}=\frac{n-3}{n-2}a_{n-3}$$

$$\cdots\cdots$$

$$a_2=\frac{1}{2}a_1$$

将其合并后得出

$$a_n=\frac{n-1}{n}a_{n-1}$$

$$=\frac{n-1}{n}\cdot\frac{n-2}{n-1}a_{n-2}$$

$$=\frac{n-1}{n}\cdot\frac{n-2}{n-1}\cdot\frac{n-3}{n-2}a_{n-3}$$

$$=\cdots\cdots$$

$$=\frac{n-1}{n}\cdot\frac{n-2}{n-1}\cdot\frac{n-3}{n-2}\cdots\cdots\frac{1}{2}a_1$$

$$\Rightarrow a_n=\frac{1}{n}a_1$$

本题采用了数学归纳法，我们在想到依次增大代入的值后，尝试依次减小代入的值，这是一道非常平衡的好题。

第 **18** 题

发现本质、考察计算能力的题目

东京大学 2007 年度 | ▸难易度：简单 普通 难 | ▸目标解题时间：30 分钟

问题

（1）针对满足 $0<x<a$ 的实数 x、a，证明其满足下面的式子。

$$\frac{2x}{a}<\int_{a-x}^{a+x}\frac{1}{t}dt<x\left(\frac{1}{a+x}+\frac{1}{a-x}\right)$$

（2）根据（1），证明下面不等式。

$$0.68<\log 2<0.71$$

其中，log2 表示 2 的自然对数。

前提知识、公式

◎指数概念的推广

当a为非0数字、n为正数时，规定如下：

$$a^0=1、a^{-n}=\frac{1}{a^n}$$

◎对数函数

将满足$x=a^y$的y值称为以a为底的x的对数，如下所示：

$$y=\log_a x$$

将使用对数定义形如上所示的函数称为对数函数。

此外，将其中底为e(自然对数的底)的称为自然对数，自然对数多省略底的符号，表示为$\log x$。

注)“自然对数的底”是被用下面式子的极限定义的无理数(无法用分数表达的数)。

$$e=\lim_{n\to\infty}\left(1+\frac{1}{n}\right)^n=2.7182818\cdots$$

◎分数函数的图形

当a为非0定数时

$$y=\frac{a}{x}$$

的图表是以x轴和y轴为渐近线的双曲线。

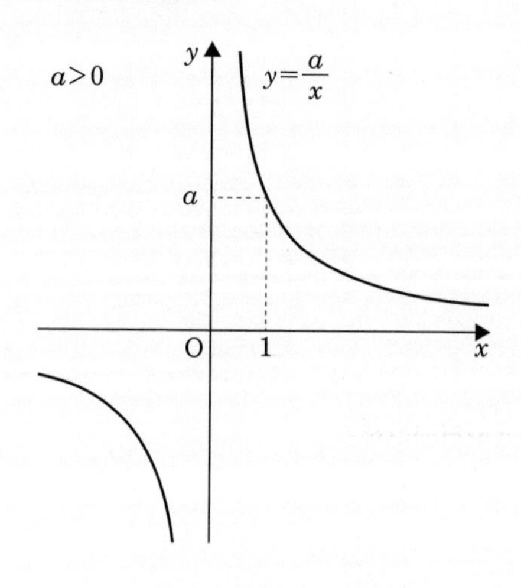

◎不定积分

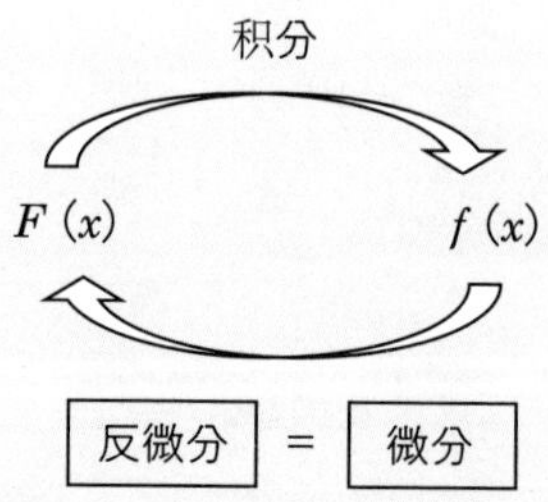

反微分 = 微分

将$F(x)$微分后，得到$f(x)$，即当

$$F'(x)=\lim_{h\to 0}\frac{F(x+h)-F(x)}{h}=f(x)$$

时，$F(x)$为$f(x)$的不定积分[同时，$f(x)$是$F(x)$的导函数]，表示为。

$$F(x)=\int f(x)\,\mathrm{d}x$$

◎定积分

当$F(x)$为$f(x)$的不定积分时，将$F(b)-F(a)$称为$f(x)$中从$x=a$到$x=b$的定积分。定积分表示为。

$$\int_a^b f(x)\,\mathrm{d}x=[F(x)]_a^b=F(b)-F(a)$$

定积分$F(b)-F(a)$表示$y=f(x)$和$x=a$、$x=b(a<b)$及x轴围成的图形面积S。

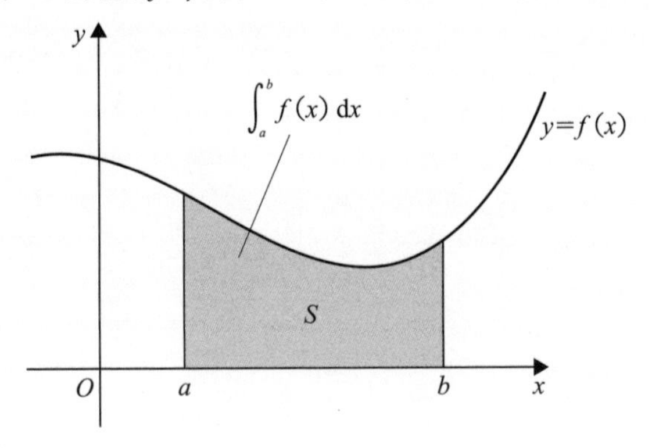

◎定积分的性质

$$\int_a^b f(x)\,\mathrm{d}x=\int_a^c f(x)\,\mathrm{d}x+\int_c^b f(x)\,\mathrm{d}x$$

◎分数函数的不定积分(省略积分定数)

$$\int \frac{1}{x}\,\mathrm{d}x=\log|x|$$

(1)的解题思路探讨

不等式

$$\frac{2x}{a}<\int_{a-x}^{a+x}\frac{1}{t}\mathrm{d}t<x\left(\frac{1}{a+x}+\frac{1}{a-x}\right)$$

中定积分在分数函数$y=\frac{1}{t}$图表中，用下图灰色部分的面积S表示。

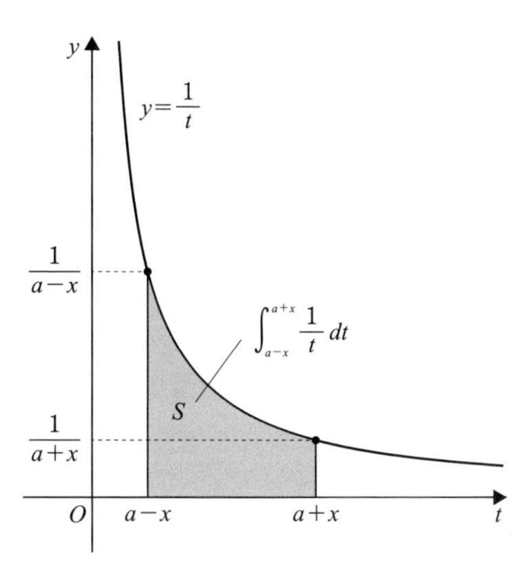

因此，只要找出小于此S、面积是$\frac{2x}{a}$的图形和大于S、面积是$x\left(\frac{1}{a+x}+\frac{1}{a-x}\right)$的图形即可。

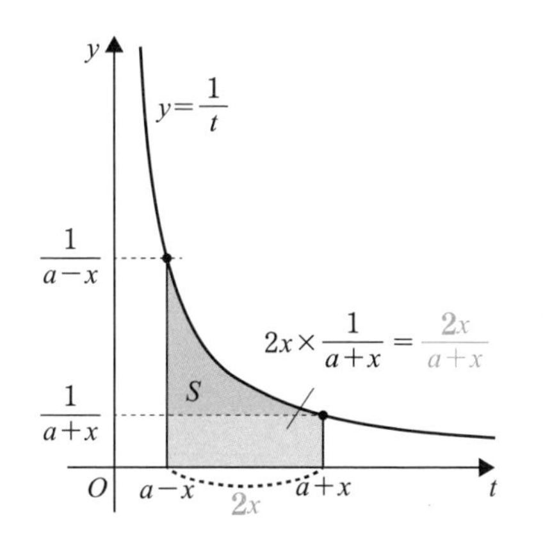

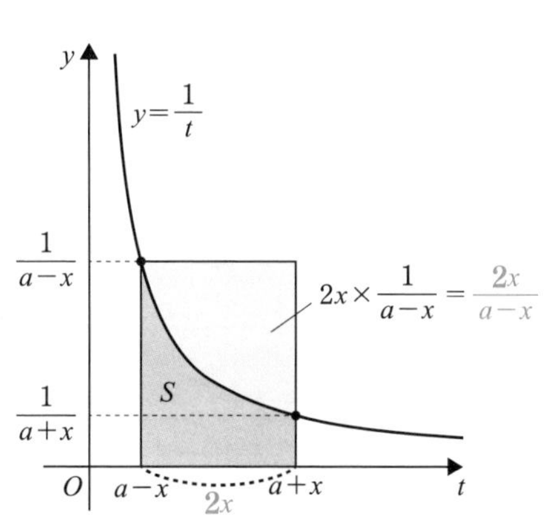

我们最先想到的面积小于S的图形是宽为$2x$、高为$\frac{1}{a+x}$的长方形，但不符合$\frac{2x}{a+x}<\frac{2x}{a}$(根据$0<x$，得出$\frac{1}{a+x}<\frac{1}{a}\Rightarrow\frac{2x}{a+x}<\frac{2x}{a}$)。

同样，最先想到的面积大于S的图形是宽为$2x$、高为$\frac{1}{a-x}$的长方形面积，这也不符合$\left(\frac{1}{a+x}+\frac{1}{a-x}\right)<\frac{2x}{a-x}$[根据$0<x$，得出$\frac{1}{a+x}<\frac{1}{a-x}\Rightarrow\frac{1}{a+x}+\frac{1}{a-x}<\frac{1}{a-x}+\frac{1}{a-x}\Rightarrow x\left(\frac{1}{a+x}+\frac{1}{a-x}\right)<\frac{2x}{a-x}$]。

所以，无论是大于还是小于S，我们都需要找到面积更接近S的图形。

（1）的解答

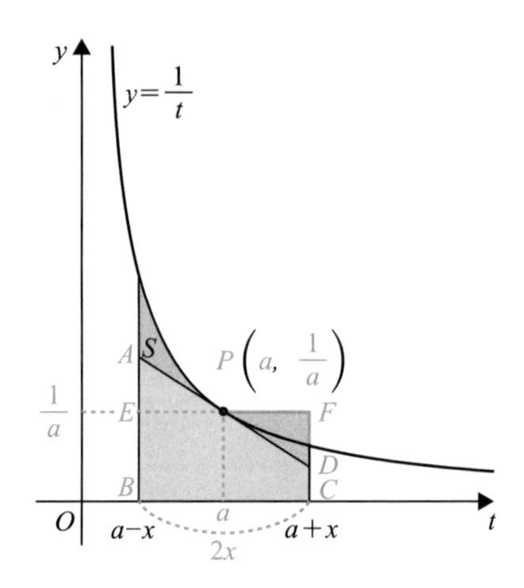

$$S=\int_{a-x}^{a+x}\frac{1}{t}\mathrm{d}t$$

根据上图可知，AD是$P\left(a,\ \frac{1}{a}\right)$中切线的一部分。

$$\text{梯形}ABCD<S \quad \cdots\cdots①$$

此外，因为P是EF的中点，所以面积关系为

$$\triangle AEP=\triangle DFP \Rightarrow \text{梯形}ABCD=\text{长方形}EBCF \quad \cdots\cdots②$$

根据①、②可得出

$$\text{长方形}EBCF<S \Rightarrow 2x\times\frac{1}{a}<S \Rightarrow \frac{2x}{a}<S$$

$$\therefore \quad \frac{2x}{a}<\int_{a-x}^{a+x}\frac{1}{t}\mathrm{d}t \quad \cdots\cdots③$$

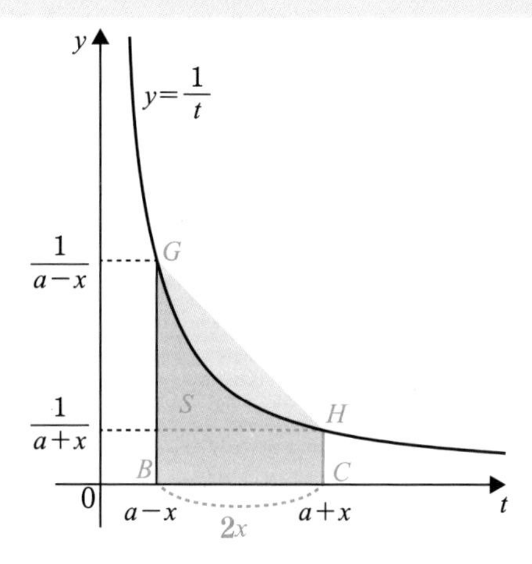

此外，根据上图可得出

$$S<\text{梯形}GBCH \quad \cdots\cdots④$$

梯形的面积
（上底+下底）×高×$\frac{1}{2}$

$$\text{梯形}GBCH=\left(\frac{1}{a+x}+\frac{1}{a-x}\right)\times 2x\times\frac{1}{2}=x\left(\frac{1}{a+x}+\frac{1}{a-x}\right) \quad \cdots\cdots⑤$$

根据④、⑤可得出

$$S<x\left(\frac{1}{a+x}+\frac{1}{a-x}\right)$$

$$\therefore \quad \int_{a-x}^{a+x}\frac{1}{t}\mathrm{d}t<x\left(\frac{1}{a+x}+\frac{1}{a-x}\right) \quad \cdots\cdots⑥$$

根据③、⑥可得出

$$\frac{2x}{a}<\int_{a-x}^{a+x}\frac{1}{t}\mathrm{d}t<x\left(\frac{1}{a+x}+\frac{1}{a-x}\right)$$

（证明完毕）

（2）的解题思路探讨

当然，(1)已经给了我们提示。

根据**分数函数的不定积分和定积分**的定义可知

$$\int_{a-x}^{a+x}\frac{1}{t}\mathrm{d}t=[\log|t|]_{a-x}^{a+x}=\log|a+x|-\log|a-x|$$

根据$0<x<a\Rightarrow a+x>0$、$a-x>0$可得出

$$\int_{a-x}^{a+x}\frac{1}{t}\mathrm{d}t=\log(a+x)-\log(a-x)$$

(2)是评价log2的问题，所以

$$\log2=\log2-\log1=\log(a+x)-\log(a-x)$$

根据指数概念的推广$a^0=1$
根据对数的定义$\log_a 1=0$

即思考

$$a+x=2、a-x=1\Rightarrow a=\frac{3}{2}、x=\frac{1}{2}$$

的情况，试着将其代入(1)中得出的不等式。

根据

$$\frac{2x}{a}<\int_{a-x}^{a+x}\frac{1}{t}\mathrm{d}t<x\left(\frac{1}{a+x}+\frac{1}{a-x}\right)$$

可得出

$$\frac{2x}{a}<\log(a+x)-\log(a-x)<x\left(\frac{1}{a+x}+\frac{1}{a-x}\right)$$

$$\Rightarrow\frac{2\times\frac{1}{2}}{\frac{3}{2}}<\log2-\log1<\frac{1}{2}\left(\frac{1}{2}+\frac{1}{1}\right)$$

$$\Rightarrow\frac{1}{3}<\log2<\frac{3}{4}$$

$$\Rightarrow 0.66\cdots\cdots<\log2<0.75$$

但是，我们要证明的问题是$0.68<\log2<0.71$，所以需要以更好的精度进行估算(数学中将求出大致的取值范围称为“估算”)。

最终，(1)的不等式通过梯形的面积估算，而梯形的面积是由$y=\frac{1}{t}$的曲线和$t=x-a$、$t=x+a$及t轴围成的面积估算的。

通常，当由曲线围成的面积与长方形或梯形近似时，我们将宽缩短会更加近似。

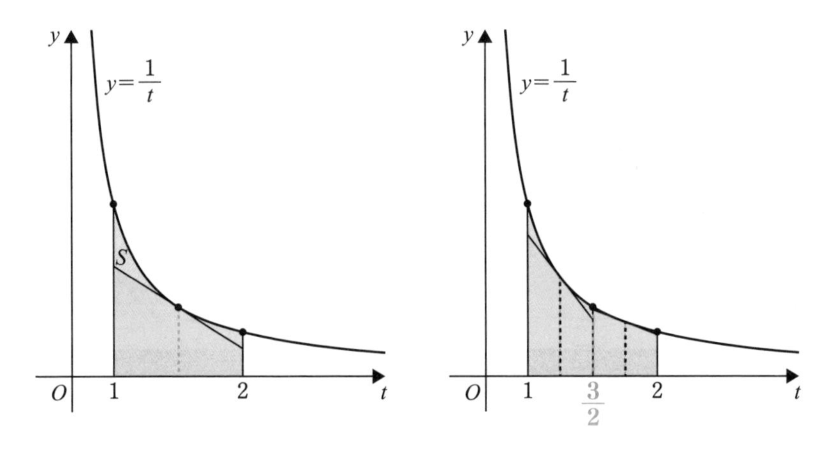

由上图可以看出，右侧的部分精度更高。

这里使用**定积分的性质**。

$$\log2=\int_1^2\frac{1}{t}\mathrm{d}t=\int_1^{\frac{3}{2}}\frac{1}{t}\mathrm{d}t+\int_{\frac{3}{2}}^2\frac{1}{t}\mathrm{d}t$$

定积分的性质

$$\int_a^b f(x)\mathrm{d}x=\int_a^c f(x)\mathrm{d}x+\int_c^b f(x)\mathrm{d}x$$

我们尝试用(1)中得出的不等式分别估算最右侧的两个定积分。

（2）的解答

当

$$\int_{a-x}^{a+x}\frac{1}{t}\mathrm{d}t=\int_{1}^{\frac{3}{2}}\frac{1}{t}\mathrm{d}t$$

时，即当

$$a+x=\frac{3}{2}、a-x=1\Rightarrow a=\frac{5}{4}、x=\frac{1}{4}$$

时，根据(1)中所得不等式

$$\frac{2x}{a}<\int_{a-x}^{a+x}\frac{1}{t}\mathrm{d}t<x\left(\frac{1}{a+x}+\frac{1}{a-x}\right)$$

可得出

$$\frac{2\times\frac{1}{4}}{\frac{5}{4}}<\int_{1}^{\frac{3}{2}}\frac{1}{t}\mathrm{d}t<\frac{1}{4}\left(\frac{1}{\frac{3}{2}}+\frac{1}{1}\right)\Rightarrow\frac{2}{5}<\int_{1}^{\frac{3}{2}}\frac{1}{t}\mathrm{d}t<\frac{5}{12}\quad\cdots\cdots⑦$$

同样，当

$$\int_{a-x}^{a+x}\frac{1}{t}\mathrm{d}t=\int_{\frac{3}{2}}^{2}\frac{1}{t}\mathrm{d}t$$

时，即当

$$a+x=2、a-x=\frac{3}{2}\Rightarrow a=\frac{7}{4}、x=\frac{1}{4}$$

时，根据(1)中所得不等式

$$\frac{2x}{a}<\int_{a-x}^{a+x}\frac{1}{t}\mathrm{d}t<x\left(\frac{1}{a+x}+\frac{1}{a-x}\right)$$

可得出

$$\frac{2\times\frac{1}{4}}{\frac{7}{4}}<\int_{\frac{3}{2}}^{2}\frac{1}{t}\mathrm{d}t<\frac{1}{4}\left(\frac{1}{2}+\frac{1}{\frac{3}{2}}\right)\Rightarrow\frac{2}{7}<\int_{\frac{3}{2}}^{2}\frac{1}{t}\mathrm{d}t<\frac{7}{24}\quad\cdots\cdots⑧$$

根据⑦＋⑧可得出

$$\frac{2}{5}+\frac{2}{7}<\int_{1}^{\frac{3}{2}}\frac{1}{t}\mathrm{d}t+\int_{\frac{3}{2}}^{2}\frac{1}{t}\mathrm{d}t<\frac{5}{12}+\frac{7}{24}$$

$$\Rightarrow\frac{24}{35}<\int_{1}^{2}\frac{1}{t}\mathrm{d}t<\frac{17}{24}$$

$\int_a^b f(x)\mathrm{d}x=\int_a^c f(x)\mathrm{d}x+\int_c^b f(x)\mathrm{d}x$

$$\Rightarrow 0.6857\cdots\cdots<[\log t]_1^2<0.7083\cdots\cdots$$

$$\Rightarrow 0.68<0.6857\cdots\cdots<\log 2-\log 1<0.7083\cdots\cdots<0.71$$

$\log_a 1=0$

$$\Rightarrow 0.68<\log 2<0.71$$

（证明完毕）

永野之见

(1)的难点在于当我们评价定积分的值时，由于使用长方形不足以充分估算(精度过低)，于是需要考虑使用梯形。

但是，(2)中为提高精度需要缩小积分区间($\int_a^b f(x)\mathrm{d}x$中的区间为$a \leqslant x \leqslant b$)，能够完全回答出这一点的人并不多。

日本数III中微分、积分的计算容易变得复杂，因此很多学生受困于公式变形和技巧，搞不清楚在计算些什么。定积分的本质是通过宽度无限小的长方形面积之和计算曲线围成的面积。

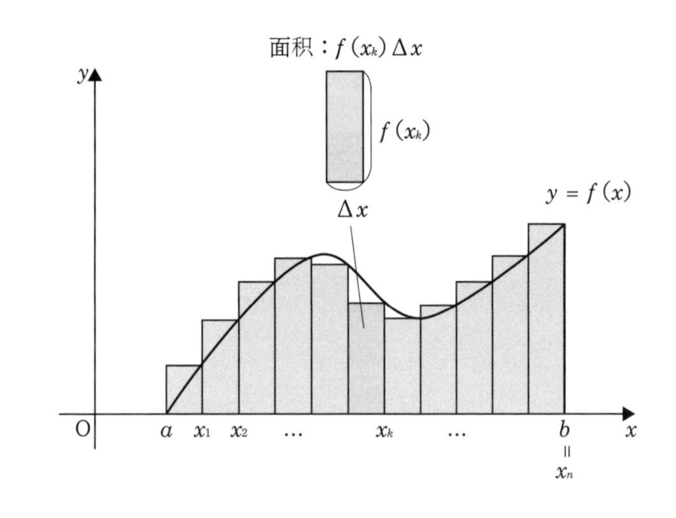

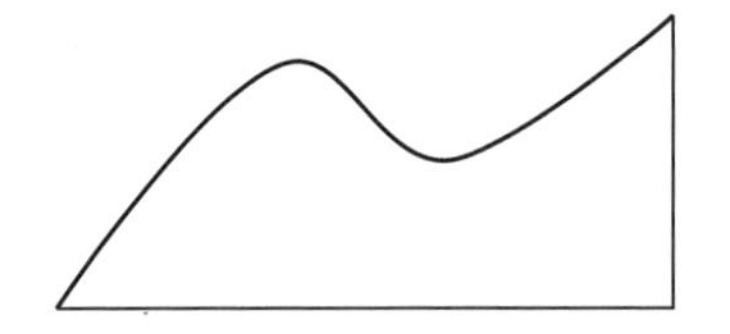

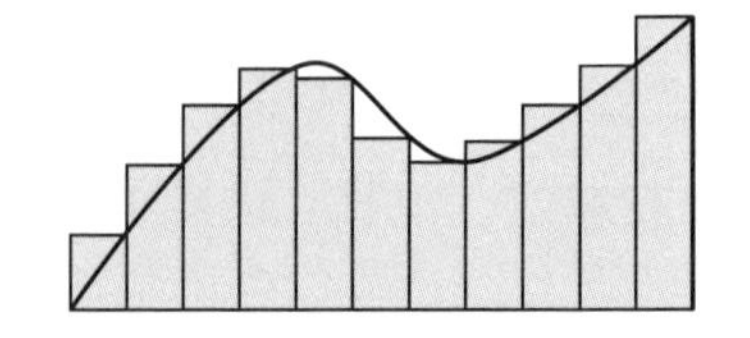

$$\text{面积} = \lim_{n\to\infty}\sum_{k=1}^{n} f(x_k)\Delta x = \int_{ⓐ}^{ⓑ} f(x)\,dx$$

右端的值

左端的值

脚踏实地地学习数学，一定要**充分理解计算的本质**，这是必不可少的。

本题以看似出人意料的题目——评价log2的值为切入点，考察对于积分本质的理解，笔者认为这是一道非常优秀的题目。

第 **19** 题

绞尽脑汁享受试错过程的题目

兰利的问题　▸难易度：简单 普通 难　▸目标解题时间：无限制

问题

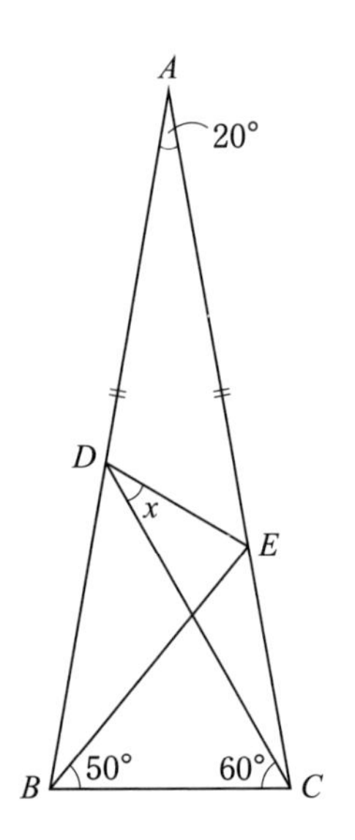

等腰三角形 ABC 中，$AB=AC$，顶角$\angle BAC=20°$。如上图所示，当 AB、AC 上有点 D 和点 E，使得$\angle EBC=50°$、$\angle BCD=60°$ 时，求$\angle EDC$ 的大小。

解题思路探讨

使用等腰三角形的底角相等和三角形的内角和为180°，我们即可如下图所示计算出图中若干个角度的值。

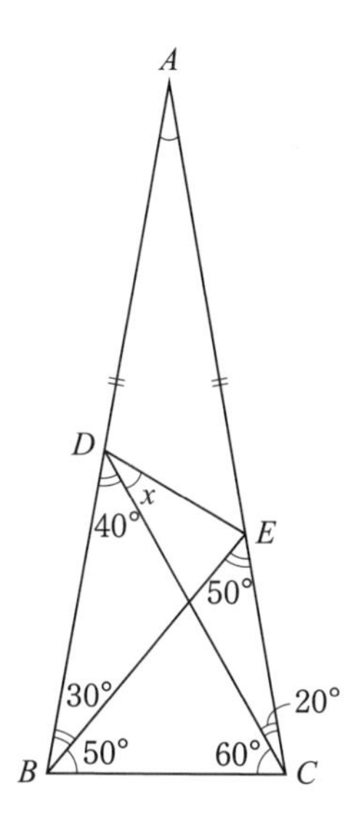

问题从这里开始。

如此一来就会遇到困难，我们需要利用辅助线作出适合自己解题的图形。

“适合自己解题的图形”是指信息量较多的图形。例如，等腰三角形、正三角形、直角三角形、正方形、平行四边形等图形具有特殊的性质，因此信息量丰富。

解答

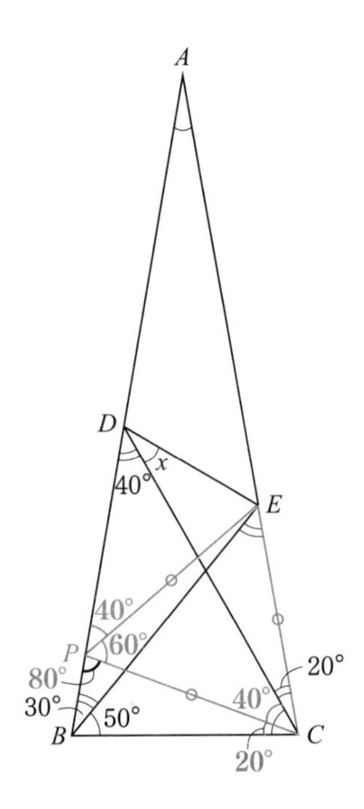

如上图所示，在BD上取点P，使得$\triangle PCE$为正三角形，于是可得出

$$PC = PE = EC \quad \cdots\cdots①$$
$$\angle PCD = 60° - \angle DCE = 40° \quad \cdots\cdots②$$

因为$\angle PCD = \angle CDP(=40°)$，所以$\triangle PCD$为等腰三角形。所以

$$PC = PD \quad \cdots\cdots③$$

根据①、③可得出

$$PE = PD$$

因为$\triangle PED$为等腰三角形，所以可得出

$$\angle EDP=\angle PED \quad \cdots\cdots ④$$

此外，根据②可得出

$$\angle BCP=\angle DCB-\angle PCD=60°-40°=20°$$

从$\triangle CPB$可得出

$$\angle CPB=180°-(\angle PBC+\angle BCP)=180°-(80°+20°)=80°$$

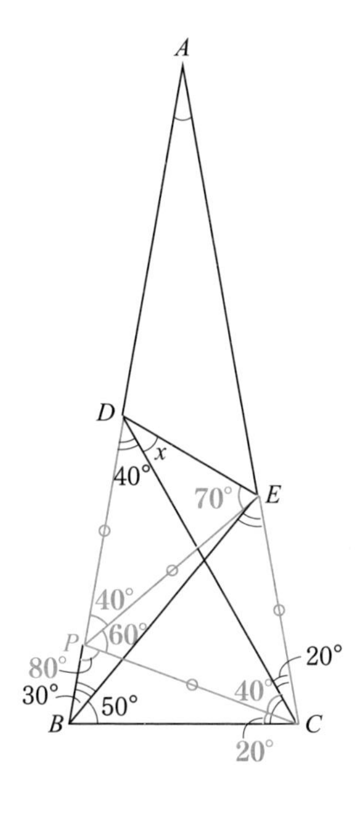

$$\angle DPE=180°-(\angle CPB+\angle EPC)=180°-(80°+60°)=40°$$

在$\triangle PED$中，根据④可得出

$$\angle EDP=\angle PED=\frac{180°-\angle DPE}{2}=\frac{180°-40°}{2}=70°$$

由此可知

$$x+40°=70° \Rightarrow x=30° \Rightarrow \angle EDC=30°$$

答案：　30°

永野之见

本题是英国数学家爱德华·兰利在自己创刊的数学教育学术杂志*The Mathematical Gazette*中发表的问题。这是著名的平面几何学难题，被称为“兰利问题”。

说起来很惭愧，笔者第一次接触此题时并不知道这道题的背景，思考了三天三夜。

实际上，本题无法通过平行线和垂线等基本辅助线解开，需要“在BD上取点P使得$\triangle PCE$为正三角形”，做辅助线来解决（还有很多其他解法。有兴趣的读者请搜索“兰利问题”）。

下面揭晓一个解法与本题类似，通过辅助线得出适合自己的图形的问题。

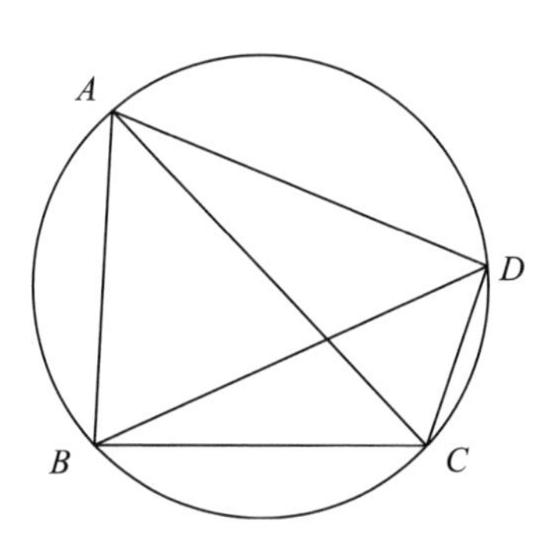

当四边形 $ABCD$ 内接于圆时，证明对边长度之积的和与对角线长度的积相等，即下式成立。

$$AB \cdot CD + AD \cdot BC = AC \cdot BD$$

解答要点是在BD上取点E使得$\angle BAE=\angle CAD$。

证明

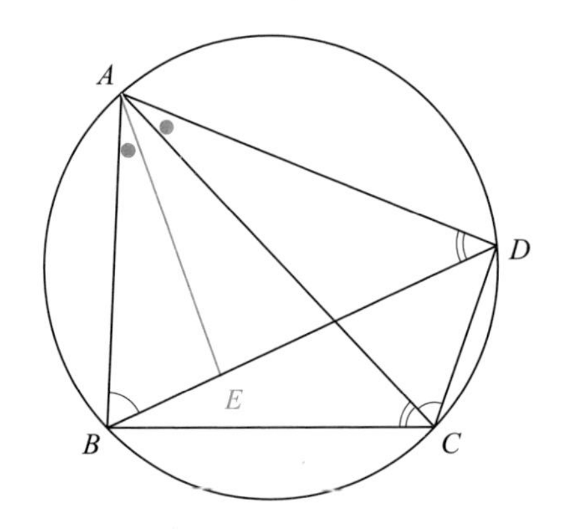

在BD上取点E，使得

$$\angle BAE = \angle CAD \quad \cdots\cdots①$$

在$\triangle ABE$和$\triangle ACD$中，

$$\angle ABE = \angle ACD(\text{弧}AD\text{的圆周角}) \quad \cdots\cdots②$$

根据①、②可得出两角相等，因此

$$\triangle ABE \backsim \triangle ACD$$

因为相似图形的对应边之比相等，所以

$$AB : BE = AC : CD \Rightarrow AB \cdot CD = AC \cdot BE \quad \cdots\cdots③$$

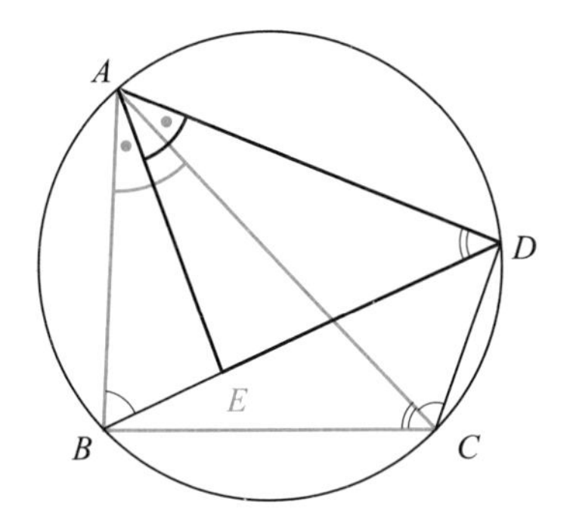

此外，在$\triangle AED$和$\triangle ABC$中，

$$\begin{aligned}\angle EAD &= \angle EAC + \angle CAD \\ &= \angle EAC + \angle BAE \\ &= \angle BAC\end{aligned}$$

根据①

因此

$\angle EAD = \angle BAC$ ……④

$\angle ADE = \angle ACB$（弧AB的圆周角） ……⑤

根据④、⑤可得出两角相等，因此

$$\triangle AED \backsim \triangle ABC$$

因为相似图形的对应边之比相等，所以

$$AD : ED = AC : BC \Rightarrow AD \cdot BC = AC \cdot ED \quad \cdots\cdots⑥$$

根据③＋⑥可得出（③和⑥的右侧都包含AC）

$$\begin{aligned}AB \cdot CD + AD \cdot BC &= AC \cdot BE + AC \cdot ED \\ &= AC \cdot (BE + ED) \\ &= AC \cdot BD\end{aligned}$$

因此

$$AB \cdot CD + AD \cdot BC = AC \cdot BD$$

（证明完毕）

在内接于圆的四边形$ABCD$中，

$$AB \cdot CD + AD \cdot BC = AC \cdot BD$$

成立，这就是著名的“托勒密定理”。托勒密是古希腊的天文学家。该定理并非高中的必修内容，但其重要地位相当于三角函数的加法定理。托勒密基于此定理进行了三角比计算，成功地用数学解释了行星的运行数据。

至此，本书分别介绍了小学、初中、高中的难题、好题。通过这些题目我们得到的结论就是，为了掌握算术、数学，唯有绞尽脑汁，反复不断地在失败中积累经验。

笔者身为一名数学教师，却不知道“兰利问题”，实在惭愧至极。但同时也得益于此，能够不断地思考该题目。基于此经验，笔者对其他求角度的题目也感到得心应手，当意识到“通过辅助线作出合适自己解题的图形”与难以证明的“托勒密定理”想法类似时，深深感到自己对辅助线的理解进一步加深了。

本书的读者们一定是对数学有兴趣，也想要锻炼自己的数学实力，因此希望我的经历带给大家相同的经验。

思考几分钟就看答案，或因为“这道题没有见过”等理由而不假思索直接看答案，如果您采用这种学习方式绝对不可能学好数学。

请不要像乘坐电梯或直升机一样借助他人已搭好的基础学习，而是要用自己的方法一点一滴地去积累。如果您能在学习数学的过程当中为看到的风景逐渐变化而感到喜悦，在达到意想不到的高度时感到震惊，那么笔者将感到无比欣慰。

第四章

社 会 篇

本章除了著名的难题“蒙提霍尔问题”和“聚会问题”之外，还收录了“费米推定”和“博弈论”。

费米推定是一种估算大致值的方法，因其出现在谷歌和微软等企业的入职测试当中而逐渐成为近几年求职的重要技能。“博弈论”告诉我们处于利害关系中的国家及企业的最佳战略。

本章中出现的问题不会在高中的教科书、参考书中出现，但是有时会出现在网络的文章中，也许大家已有所耳闻。因其出现在网络文章中，所以使用的数学仅仅是非常基础的内容。但是，在这类题的解题思路探讨当中一定会让您感受到数学思维的乐趣和益处:“哦，这种题目当中也可以用到数学思维能力啊。”如果您能体会到这一点的话，笔者会很欣喜。

第 **20** 题

不为直觉迷惑的题目

蒙提霍尔问题 ▸难易度：简单 普通 难 ▸目标解题时间：5 分钟

嘉宾面前有 3 道门。第 1 道门的后面是新车（中奖），而其余两道门后是山羊（没有中奖）。嘉宾在选择 1 道门后，知道答案的主持人会打开 1 道没有中奖的门。之后嘉宾是应该换一道门，还是应该保持不变？

前提知识、公式

◎条件概率和概率的乘法定理

将由偶然决定结果的试验和观测等称为试验，其结果引发的情况称为事件。例如，掷骰子时可能的结果包括“出现偶数”“出现1”。

“事件A和事件B同时发生”的事件称为A和B的积事件，表示为$A\cap B$。

通常$P(X)$为*probability of X*的缩写，表示“事件X发生的概率”。

当发生事件A时，同时发生事件B的条件概率我们设为$P_A(B)$，则两事件A、B同时发生的概率$P(A\cap B)$，如下所示：

$$P(A\cap B)=P(A)\times P_A(B)$$

此为概率乘法定理。

解题思路探讨

将3道门命名为A、B、C，假设嘉宾打开的门是A，主持人打开的门是B。

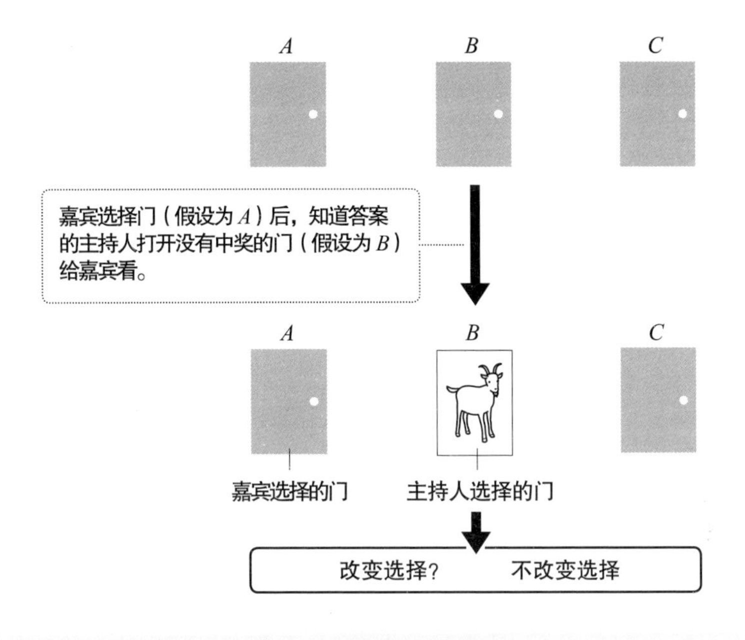

事件A：A中奖

事件B：B中奖

事件C：C中奖

对事件A、B、C做如下规定：

由于共有3道门，因此无论是A、B还是C，中奖的概率均为$\frac{1}{3}$，即

$$P(A)=P(B)=P(C)=\frac{1}{3} \quad \cdots\cdots①$$

接下来将嘉宾选择A门之后、主持人打开的门规定为事件Y和事件Z，如下所示：

事件Y：主持人打开B

事件Z：主持人打开C

因为嘉宾选择了A，所以主持人打开的门只可能是B或C中的一道，

$$P(Y)=P(Z)=\frac{1}{2} \quad \cdots\cdots②$$

假设“**在主持人打开B（事件Y）的前提下，C中奖（事件C）**”的条件概率用符号$P_Y(C)$表示。

根据概率乘法定理，

$$P(Y\cap C)=P(Y)P_Y(C)$$

$$\Rightarrow P_Y(C)=\frac{P(Y\cap C)}{P(Y)} \quad \cdots\cdots③$$

概率乘法定理
$P(A\cap B)=P(A)\times P_A(B)$

于是发现$P(Y\cap C)=P(C\cap Y)$，③可以改写为

$$P_Y(C)=\frac{P(Y\cap C)}{P(Y)}=\frac{P(C\cap Y)}{P(Y)}=\frac{P(C)P_C(Y)}{P(Y)} \quad \cdots\cdots④$$

注：通常情况下，“事件Y与事件S同时发生的概率”=“事件S与事件T同时发生的概率”，因此$P(T\cap S)=P(S\cap T)$。

此外，考虑到$P_C(Y)$、即“**在C中奖（事件C）的前提下，主持人打开B（事件Y）**”的条件概率为1（主持人不会打开中奖的那扇门，因此如果C中奖的话，主持人一定会打开B），可得出

$$P_C(Y)=1 \quad \cdots\cdots⑤$$

将①、②、⑤带入④，可得出

$$P_Y(C)=\frac{P(C)P_C(Y)}{P(Y)}=\frac{\frac{1}{3}\cdot 1}{\frac{1}{2}}=\frac{1}{3}\div\frac{1}{2}=\frac{1}{3}\times\frac{2}{1}=\frac{2}{3}$$

$P(C)=\frac{1}{3}$
$P_C(Y)=1$
$P(Y)=\frac{1}{2}$

即在主持人打开B（事件Y）的前提下，C中奖（事件C）的概率为$\frac{2}{3}$。如果最初嘉宾选择时，A中奖的概率为$\frac{1}{3}$，则主持人打开B门之后，**重新选择C的中奖概率变为之前的2倍**。

至此为嘉宾首先选择A后，主持人打开B的情况，其他情况（有“嘉宾选择

A、主持人选择C”“嘉宾选择B、主持人选择A”等共计6种情况）也可以得出相同的结果，因此无论何种情况：嘉宾应该在主持人打开没有中奖的1扇门之后，改变所选择的门。

下面用图来帮助理解。

再次思考嘉宾最先选择A的情况。

A中奖时，嘉宾打开的门是B或C中的一道。而嘉宾已经选择了A门，所以B中奖的话，主持人只能打开C，没有其他选择。同样，C中奖的话，主持人只能打开B。

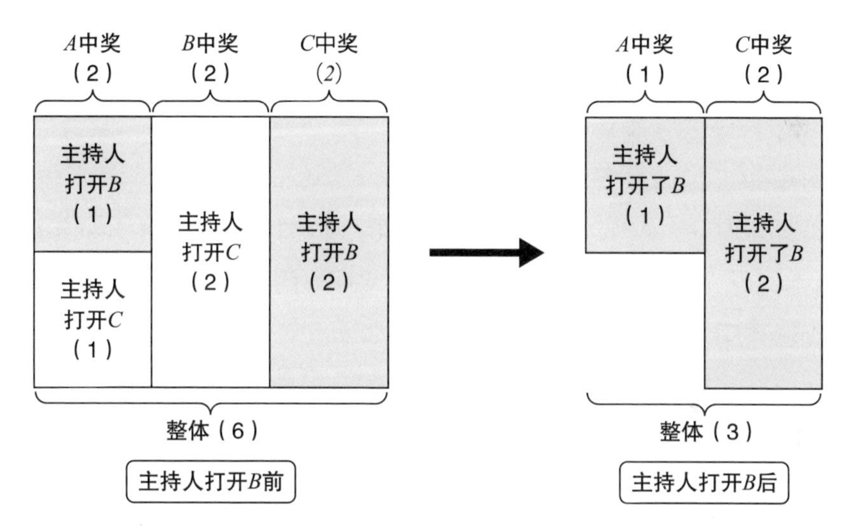

综上所述形成图示，“主持人打开B前”如上面左图所示。（　）内的数字表示**将整体面积设定为6时，用面积表示各事件可能发生的概率。**

然后，在主持人打开B后，不需要考虑主持人打开C的情况，所以如右图所示，**整体的面积为3**。此时，A中奖的面积为1，C中奖的面积为2，所以**A中奖的概率为$\frac{1}{3}$，C中奖的概率为$\frac{2}{3}$**。

综上所述，嘉宾重新选择C的中奖概率更高。

永野之见

本题出自蒙提霍尔担任主持人的美国电视节目“一锤定音”。当时的嘉宾认为“剩下的两道门一定有一道是中奖的，所以无论是否改变，中奖的概率都是$\frac{1}{2}$。如果概率相同的话，那么不改变的话则不会后悔”，于是选择“不改变”。

对此，被吉尼斯世界纪录认定为“拥有最高IQ的人”——玛丽莲·沃斯·莎凡特在杂志连载的专栏当中写道：“应该改变。改变门后中奖的概率会提高2倍。”很多读者认为“她是错的！”，反对的信件多达1万封，争论整整持续了2年。如答案所示，正确的是莎凡特。改变门后中奖的概率会提高2倍。

概率的历史绝不很远。

据说在安托万·阿尔诺和皮埃尔·尼古拉两位法国人于1662年出版的《逻辑或思维的艺术》中出现的“probabilité”是数学意义上最早出现的“概率”。

之后，概率论经克里斯蒂安·惠更斯(1629–1695)、亚伯拉罕·棣莫弗(1667–1754)、托马斯·贝叶斯(1702–1761)之手获得发展，于20世纪初叶由皮埃尔-西蒙·拉普拉斯(1749—1827)所著的**《概率的解析理论》(1812年)**及面向大众的解说书籍**《概率的哲学理论》(1814)**进行了概括。

下面介绍一道拉普拉斯与老师让·勒朗·达朗贝尔(1717–1783)激烈争论过的著名问题。

请求出投掷2枚硬币后，2枚均为正面的概率。

2枚硬币正面和背面出现的情况共有(正面，正面)(正面，背面)(背面，正面)(背面，背面)4种。因此(正面，正面)的概率是$\frac{1}{4}$。

在现代，这是初中生最为标准的答案，拉普拉斯也是如此认为。但是，达朗贝尔则认为，“硬币的正面和背面出现的情况共有(正面，正面)(正面，背面)(背面，背面)3种。因此(正面，正面)的概率是$\frac{1}{3}$”。

试想2枚分别为10日元硬币和100日元硬币的情况即可明白，在2枚硬币中一枚为正面、另一枚为背面的情况当中，包括10日元硬币为正面、100日元硬币为背面的情况以及10日元为背面、100日元为正面的情况。即如果将(10日元为正面，100日元为背面)和(10日元为背面，100日元为正面)统一认为是(正面，背面)1种情况的话，则此(正面，背面)与(正面，正面)和(背面，背面)**不具有同等准确率(****第052页****)，所以是错误的。**

		100日元	
		正面	背面
10日元	正面	正面 正面	正面 背面
	背面	背面 正面	背面 背面

达朗贝尔是18世纪法国具有代表性的数学家、物理学家、哲学家之一，是当时法国启蒙思想具有代表性成果的“百科全书”的责任编辑。拥有如此伟大成就的大科学家尚且得出错误的结论，可见概率题的难度。

下面详细介绍一下解答“蒙提霍尔问题”的关键：条件概率和概率乘法定理。

条件概率

在掷骰子的试验当中，将出现的数字为偶数的事件设为A，出现的数字为3的倍数的事件设为B。

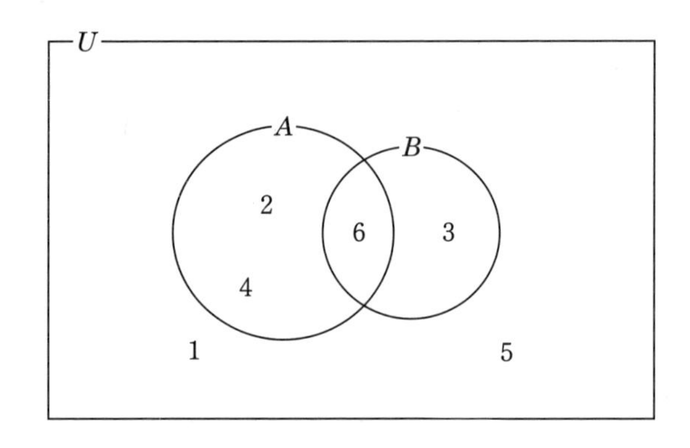

此时，出现的数字为偶数且为3的倍数的概率为（1～6中出现6的概率）$\frac{1}{6}$。此为事件A和事件B同时发生的概率，用符号表示为

$$P(A \cap B)=\frac{1}{6}$$

而知道有偶数出现时，则该数字是3的概率为（2、4、6中6出现的概率）$\frac{1}{3}$。这是在发生事件A的前提下发生事件B的概率，用符号表示为

$$P_A(B)=\frac{1}{3}$$

$P_A(B)$称为发生事件A时事件B发生的条件概率。

$P(A \cap B)$和$P_A(B)$容易混淆，因此要十分注意。下面我们通过下图来理解两者之间的不同。

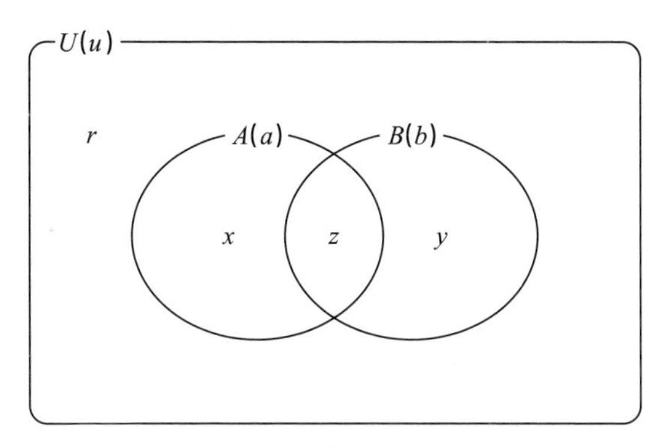

事件A的要素数为a
事件B的要素数为b
所有事件U的要素数为u

如上图所示，将各领域内所含要素数分别命名为x、y、z、r。

$P(A\cap B)$是针对所有事件U的积事件$A\cap B$，所以

$$P(A\cap B)=\frac{z}{u}=\frac{z}{x+y+z+r}\quad\cdots\cdots①$$

而$P_A(B)$是在发生A的前提下发生B的概率，所以分母的要素数为$a(=x+z)$，即

$$P_A(B)=\frac{z}{a}=\frac{z}{x+z}\quad\cdots\cdots②$$

①和②的**分子相同，但分母不同。**

此外，$P(A)$是

$$P(A)=\frac{a}{u}=\frac{x+z}{x+y+z+r}\quad\cdots\cdots③$$

所以②的分母分子除以$x+y+z+r$后，表示为

$$P_A(B)=\frac{z}{x+z}=\frac{\frac{z}{x+y+z+r}}{\frac{x+z}{x+y+z+r}}=\frac{P(A\cap B)}{P(A)}\quad\cdots\cdots④$$

概率的乘法定理

根据④可得出

$$P_A(B)=\frac{P(A\cap B)}{P(A)}\Rightarrow P(A\cap B)=P(A)P_A(B)\quad\cdots\cdots⑤$$

⑤即为**概率乘法定理**。

下面再介绍一道可以使用条件概率和概率乘法定理解决的典型题，俗称**“2个孩子的问题”**。

（1）琼斯有2个孩子，第一个孩子是女孩。请求出2个孩子都是女孩的概率。

（2）史密斯有2个孩子，2个孩子当中至少有1个是男孩。请求出2个孩子都是男孩的概率。

出生孩子的男女比例设为1:1。

（1）的解答

将事件A和事件B分别做如下规定：

事件A：第一个孩子是女孩。
事件B：第二个孩子是女孩。

因为出生孩子的男女比例为1∶1，所以第一个孩子和第二个孩子生出女孩的概率为$\frac{1}{2}$，即

$$P(A)=P(B)=\frac{1}{2}\quad\cdots\cdots①$$

于是求出积事件$A\cap B$的概率，即第一个孩子和第二个孩子都是女孩的概率为

$$P(A\cap B)=\frac{1}{2}\times\frac{1}{2}=\frac{1}{4}\quad\cdots\cdots②$$

问题中问到的是“**在第一个孩子为女孩的前提下第二个孩子也是女孩**”的条件概率$P_A(B)$。

使用概率的乘法定理可得出

$$P(A\cap B)=P(A)P_A(B)\Rightarrow P_A(B)=\frac{P(A\cap B)}{P(A)}\quad\cdots\cdots③$$

将①、②带入③可得出

$$P_A(B)=\frac{P(A\cap B)}{P(A)}=\frac{\frac{1}{4}}{\frac{1}{2}}=\frac{1}{4}\div\frac{1}{2}=\frac{1}{4}\times\frac{2}{1}=\frac{2}{4}=\frac{1}{2}$$

下面进行图解。

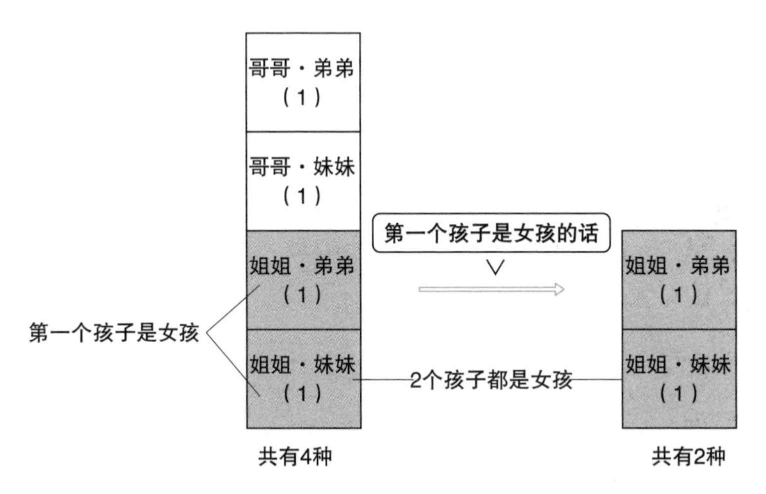

(　)内数字是将左图整体面积设为4时，用面积表示各事件可能发生的情况。根据上图可知，在第一个孩子是女孩的前提下，第二个孩子也是女孩的概率是$\frac{1}{2}$。

（2）的解答

将事件S和事件T分别规定如下：

事件S：第一个孩子是男孩。
事件T：第二个孩子是男孩。

与(1)的思路完全一致，可得出

$$P(S)=P(T)=\frac{1}{2} \quad \cdots\cdots④$$
$$P(S\cap T)=\frac{1}{2}\times\frac{1}{2}=\frac{1}{4} \quad \cdots\cdots⑤$$

此外，“至少有1个孩子是男孩”的事件即为“第一个孩子是男孩或第二个孩子是男孩”的事件，事件S与事件T可认为是和事件$S\cup T$。关于**和事件的概率**，通常情况下

$$P(S\cup T)=P(S)+P(T)-P(S\cap T)$$

成立，因此根据④和⑤可得出

$$P(S\cup T)=\frac{1}{2}+\frac{1}{2}-\frac{1}{4}=\frac{3}{4} \quad \cdots\cdots⑥$$

问题当中问到的是“在至少有一个孩子是男孩的前提下两个孩子都是男孩”的**条件概率**$P_{S\cup T}(S\cap T)$。再次使用概率的乘法定理

$$P((S\cup T)\cap(S\cap T))=P(S\cup T)P_{S\cup T}(S\cap T)$$
$$\Rightarrow P_{S\cup T}(S\cap T)=\frac{P((S\cup T)\cap(S\cap T))}{P(S\cup T)} \quad \cdots\cdots⑦$$

此时，$(S\cup T)$与$(S\cap T)$的积事件$(S\cup T)\cap(S\cap T)$，即“至少有一个孩子是男孩，且两个孩子都是男孩”与“2个孩子都是男孩”相同[事件$(S\cup T)$中包含事件$(S\cap T)$]，所以$P((S\cup T)\cap(S\cap T))=P(S\cap T)$。

即根据⑤可得出

$$P((S \cup T) \cap (S \cap T)) = P(S \cap T) = \frac{1}{4} \quad \cdots\cdots ⑧$$

将⑥、⑧代入⑦可得出

$$P_{S \cup T}(S \cap T) = \frac{P((S \cup T) \cap (S \cap T))}{P(S \cup T)} = \frac{\frac{1}{4}}{\frac{3}{4}} = \frac{1}{4} \div \frac{3}{4} = \frac{1}{4} \times \frac{4}{3} = \frac{1}{3}$$

同样对此进行图解。

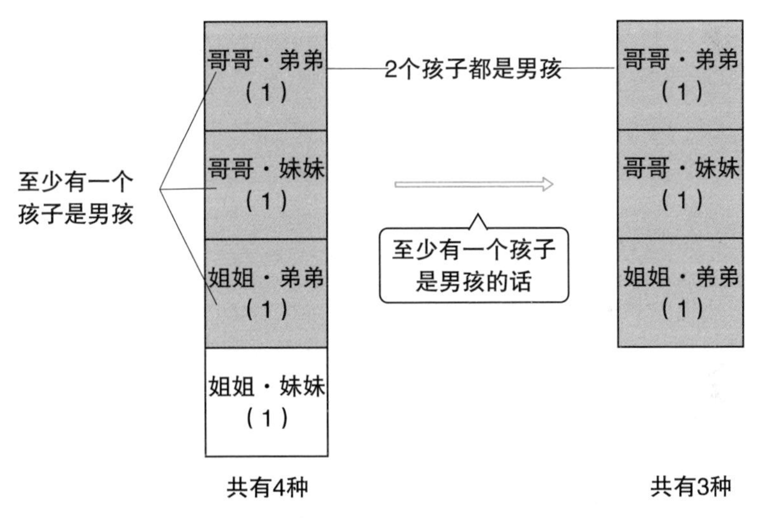

根据上图可知，在**至少有一个孩子是男孩的前提下，2个孩子都是男孩的概率是**$\frac{1}{3}$。

第 21 题

聚会问题

聚会问题 |  难易度：简单 普通 难 | 目标解题时间：15 分钟

为使3人全部是熟人，或3人全部是陌生人的小组一定出现，最少需要几人一桌？

前提知识、公式

◎鸽巢原理(第116页)

◎图论

图论中的图是指由若干个点及连接它们的线组成的如下所示的图[“函数的图表”为在xOy坐标平面中，用图表示满足函数$y=f(x)$的点的集合]。

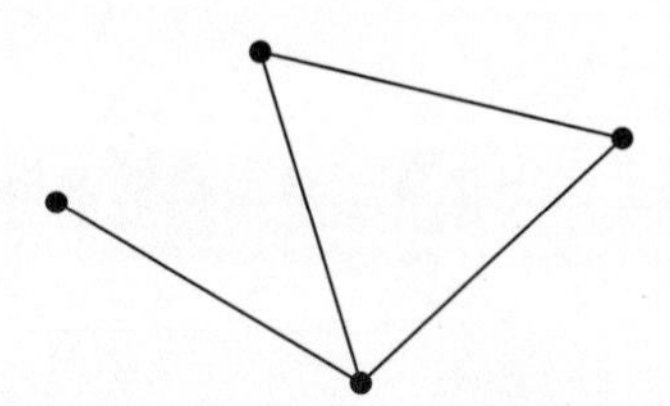

解题思路探讨和答案

让我们用图来思考。

现在用点表示人，熟人用蓝线，**陌生人用黑线**连接。

3人全部是熟人

3人全部是陌生人

如此一来可得出

"3人全部是熟人"→"3边全部为蓝线的三角形"
"3人全部是陌生人"→"3边全部为黑线的三角形"

因此题目中"3人全部是熟人，或3人全部是陌生人的小组一定出现"可以看作是**"无论怎样引出线，所有的边颜色相同的三角形一定出现"**。反之，如果出现一种无法画出三边同色三角形的情况，即表示其点的个数不足。

首先试着讨论一下4人桌和5人桌：

4人桌

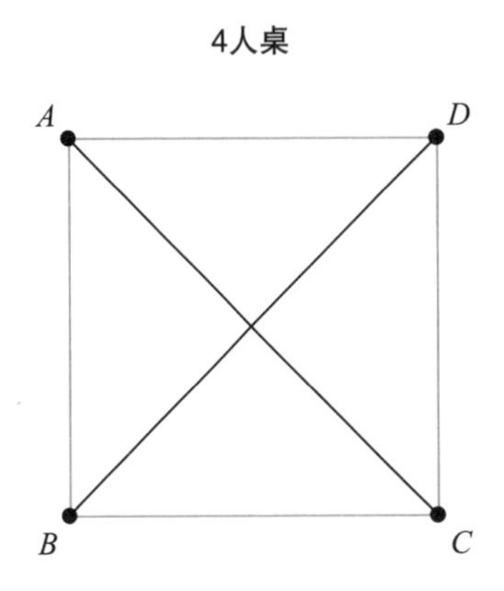

5人桌

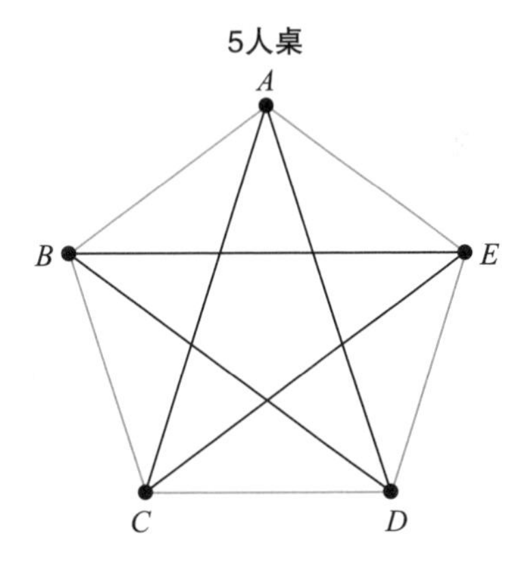

此即为都**不存在3边同色三角形出现的例子（"无论引出哪条线，所有的边颜色相同的三角形一定出现"的反例）**。在4人桌和5人桌的情况下，没有其中3人全部是熟人的情况，且没有3人全部是陌生人的情况。这说明4人桌和5人桌的人数仍不足。

那么6人桌怎么样呢？试着画一下就知道，没有发现“不存在3边同色三角形的例子(反例)”。如果是6人桌，可以期待“无论引出哪条线，所有的边颜色相同的三角形一定出现”。但是，证明一定出现并非易事，于是轮到在存在证明中发挥绝对实力的鸽巢原理出场了。

准备一个六边形，将六个顶点分别命名为A～F。

从A引出的线共有5条，将其分别命名为①～⑤。线的颜色为蓝色或者黑色两种。

分别准备一间黑色和蓝色的房间，将①～⑤的数字放入两间房间当中，其中一定会有一间房间内放入3个数字以上，**即5根对角线当中一定有3根是同一颜色**(下图为①和②放入黑色房间，③～⑤放入蓝色房间的例子)。

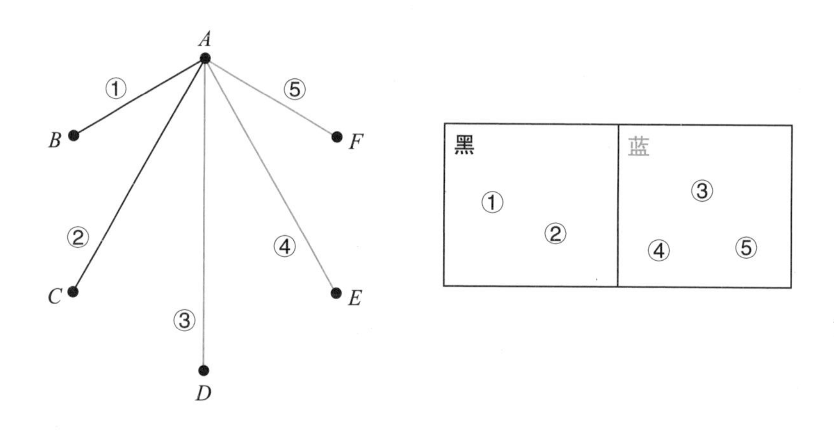

如图所示，下面思考AD、AE、AF这3根为蓝线的情况。

现在观察D、E、F 3点，试着用蓝线或黑线(任意)连接这3点。

由此可得出如下页图所示**8种△*DEF*的3边涂色方法**。

任意一种情况都**至少存在一个三角形满足□*ADEF*内所有边都为同色**(所有边都为同色的三角形涂灰色)，即

(i)D、E、F全部是陌生人。

(ii)A、D、E全部是熟人。

(iii)A、E、F全部是熟人。

(iv)A、D、F全部是熟人。

(v)A、D、E和A、E、F分别全部是熟人。

(vi)A、D、F和A、E、F分别全部是熟人。

(vii)A、D、E和A、D、F分别全部是熟人。

(viii)A、D、E、F全部是熟人。

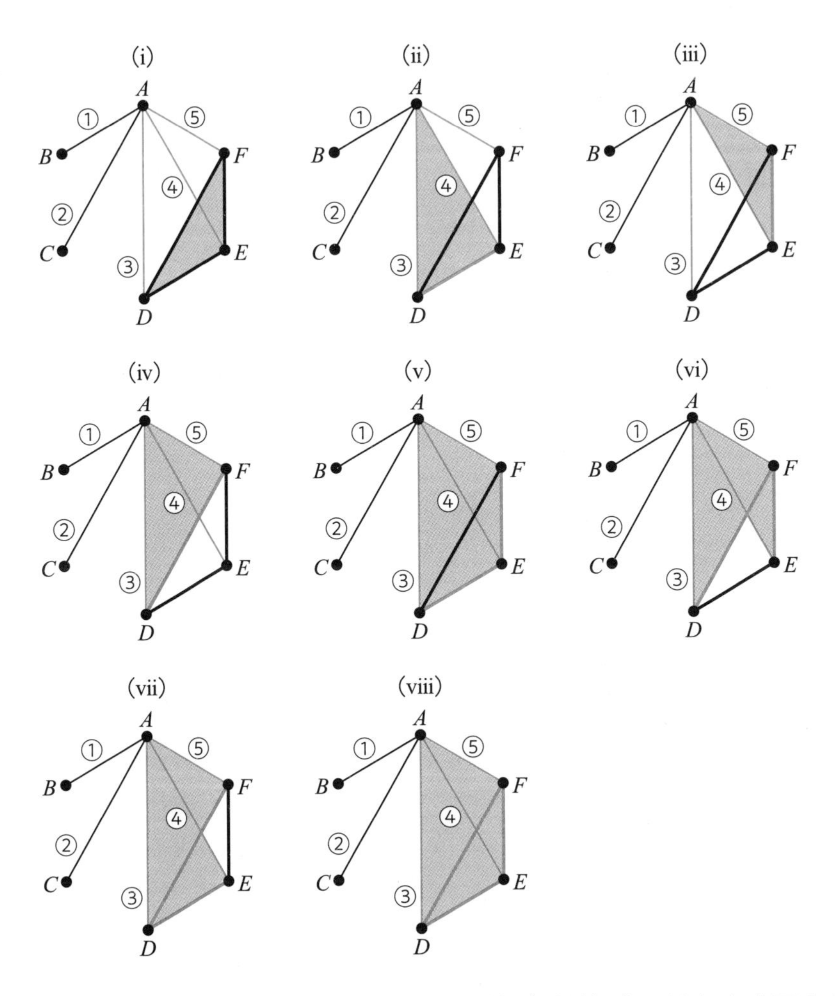

重复同样的讨论可知，从A引出3根相同颜色的线时，所有边为同色的三

角形一定会出现[有AB、AC、AD为黑线和AB、AD、AF为蓝线等很多种情况(共有$C_5^3\times2=20$种)，无论哪种情况均可证明与AD、AE、AF的情况相同，所有边为同色的三角形一定出现]。当然，从A引出4根、5根相同颜色的线时，使用与引出3根相同的方法，即可证明所有边为同色的三角形一定出现。

至此，证明点数为6时，**“无论怎样引出线，所有的边颜色相同的三角形一定出现”**。

综上所述，可得出为使3人全部是熟人，或3人全部是陌生人的小组一定出现，最少需要6人一桌。

（证明完毕）

永野之见

通常，**将从复杂的现实获取本质，使其单纯化的过程称为模式化**。在现实社会中应用数学时通常需要模式化。

（图论中的）图表将物与物之间的关系模式化，是非常易于使用的表示其结构特征的工具。

此外，电车和公交线路图也可以说是将站与站之间的顺序关系和换乘线路之间的关系进行模式化的图表应用实例。

柯尼斯堡问题和图论

图论是活跃于18世纪，被誉为天才的莱昂哈德·欧拉（1707–1783）为解决“柯尼斯堡问题”编制的。

当时，普鲁士王国首都柯尼斯堡有一条名为普列戈利亚河的河流过，如下图所示，在河上共架有7座桥。

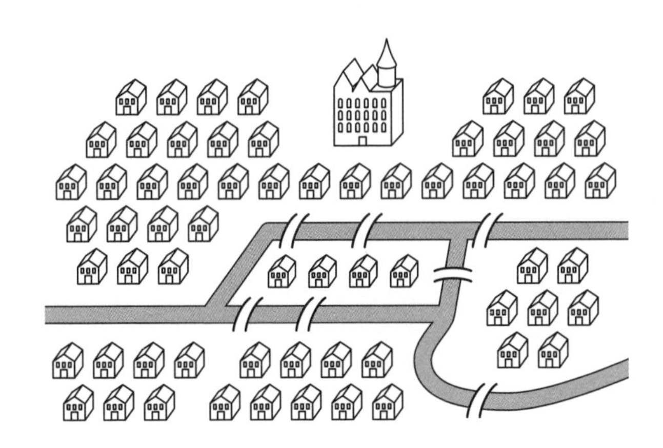

问题：从任意一座桥出发，是否可以仅跨过所有架在普列戈利亚河上的桥1次，并回到最初的位置？

解答

欧拉用如下所示的图表将河流隔开的4块土地和桥梁的关系进行了模

式化。

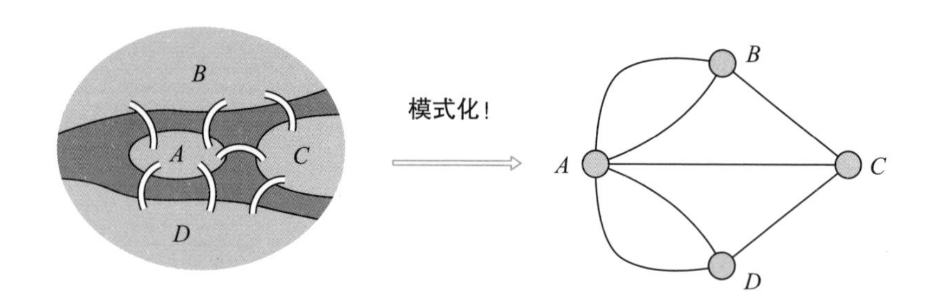

如此一来，“柯尼斯堡问题”转换为**能否一笔画出右侧图表(不重复绘制同一条线且回到起点)的题目。**

那么，**能够一笔画出的条件**是什么？是关注进出一个○的线数是奇数还是偶数。

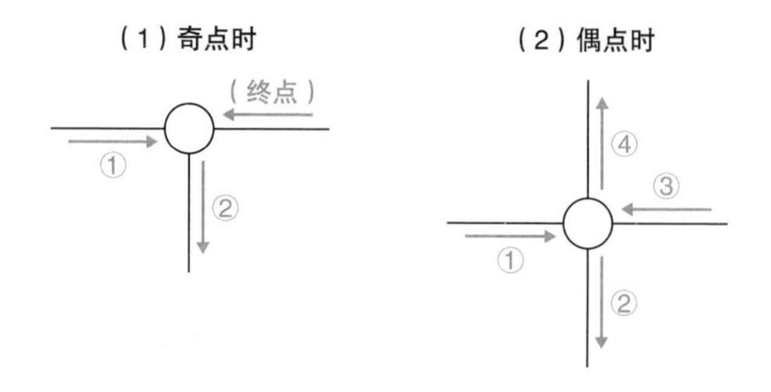

如上图所示，当进出一个○的线的合计为奇数时，将该○设为**奇点**，偶数时设为**偶点**，则

(1)奇点时，进入○的线和离开○的线共有2根，因此另一条线在不重复绘制同一条线的前提下，在○处到达终点。

(2)偶点时，可以确保一定存在进入的线和离开的线，因此不会到达终点。

即为实现不在中途的〇停止，返回起点时，**图表中所有的〇必须为偶点。**

让我们重新来看一下柯尼斯堡问题的图表。所有的〇都是奇点(〇中的数字表示连接该〇的线数)。

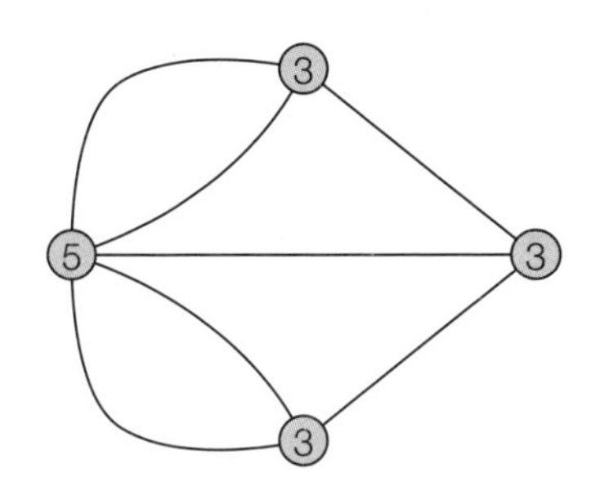

即该图表无法一笔画出。

综上所述，欧拉得出结论 ：

“无法仅跨过柯尼斯堡的所有7座桥1次，并返回起点。”

欧拉忽视图形的大小和线与线的角度，仅关注相互之间的“关系”，这种理论最终发展为“**位相几何学**(拓扑学)”。位相几何学也被称为“灵活的几何学”，研究这一学科的数学家除欧拉之外，还有著名的卡尔·弗里德里希·高斯(1777–1855)。

图表是将多个个体间“关系”单纯化的优秀模型，还可以用来表示计算机的算法(处理步骤)和社会人际关系等。**研究该图表性质的理论称为图论，其应用范围非常广泛。**

第 22 题

有逻辑地组合数据和推测量的题目

费米推定 | ▸难易度：简单  难 | ▸目标解题时间： 5分钟

芝加哥有多少位钢琴调音师？

前提知识、公式

◎费米推定

解题思路探讨和答案

下面将该题目分成若干个阶段进行思考。

(ⅰ)提出假设

假设“芝加哥的钢琴调音师供需已经平衡”，下面思考“为芝加哥的所有钢琴调音所需调音师的数量”。

(ⅱ)分解问题

根据(i)的假设，可认为“实际的调音师数量＝需要的调音师数量”。需要的调音师数量可通过

年度调音次数的合计÷每名调音师的年度调音次数

求出(以“1年”为单位时更易于推测和计算)。

上式中“**年度调音次数合计**”可通过

钢琴台数×每台钢琴的年度调音次数

求出。

“钢琴的台数”可通过

家庭数×拥有钢琴的家庭比例

求出。

“**家庭数**”可根据

芝加哥的人口÷每个家庭的人数

求出。

综上所述，估算芝加哥调音师的数量需要以下5个数字。其中“芝加哥的人口”使用实际数据。

- 芝加哥的人口（实际数据）
- 每个家庭的人数（推测量①）
- 拥有钢琴的家庭比例（推测量②）
- 每台钢琴的年度调音次数（推测量③）
- 每名调音师的年度调音次数（推测量④）

（iii）数据的确认

芝加哥是在美国国内人口仅次于纽约、洛杉矶的城市，**芝加哥的人口约有300万人。**

（iv）推测量的确定

推测量①：每个家庭的人数

300万人口的城市大约有多少个家庭呢？当然，有1口之家、4口之家，也有10口之家，这里采用平均数，**1个家庭的人数为3人。**

推测量②：拥有钢琴的家庭比例

拥有钢琴的家庭大约有多少呢？日本与美国的情况不同，这里尝试思考小学时班级上有多少孩子"学习钢琴"。40人的班级上大约有4～5人学习钢琴吧。于是**拥有钢琴的家庭比例设为所有家庭的10%**。

到了初中到高中后，很多人放弃学习钢琴，还应该减去没有人弹的钢琴（搁置的钢琴），因此虽然数量稍多，但是除家庭之外，学校和市民会馆、音乐厅等也有钢琴，于是可以认为基本上是这个比例。

推测量③：每台钢琴的年度调音次数

通常情况下每台钢琴需要**每年调音1次**。

推测量④：每名调音师的年度调音次数

思考每名调音师每年可以调音的台数。您觉得大约有多少台？钢琴调音是重体力活，需要很长时间。无论怎么努力，每天最多只能调3台。此外，假设调音师每周休息2天，每年工作250天。

3台/天×250天＝750台

因此每年每名调音师可调音的钢琴台数约为750台。

(v)综合

下面根据(iii)的数据和(iv)的推测量，推测芝加哥的钢琴调音师数量。

· 家庭数

300万人÷3人/家庭＝100万家庭

· 钢琴的台数

100万家庭×10%＝10万台

· 所需调音的次数(年度)

10万台×1次/台＝10万次

· 所需调音师的数量(年度)

10万次÷750次/人=133.3…人

综上所述，推测芝加哥的钢琴调音师数量约为133人。

答案： **约为133人**

永野之见

类似本题这样估算“大致值”的方法称为费米推定。

“费米推定”一词首次出现在2004年出版斯蒂芬·韦伯所著的《广阔的宇宙之中只有地球人的50个理由——费米悖论》。

近年来，谷歌和微软等企业的入职测试当中频繁出现“**东京大约有多少窨井**”等估算概数的题目，商务领域当中也将费米推定视若珍宝。

费米推定源于“原子力之父”的美国诺贝尔奖物理学家**恩里科·费米**(1901—1954)。

费米无论作为理论物理学家还是实验物理学家，都留下了举世瞩目的成果，同时也是一位估算“大致值”的达人，他曾根据炸弹爆炸时吹落纸屑的轨道推算出炸弹的火药量。

本题正是费米在芝加哥大学进行演讲时给学生们出的题，非常有名。

费米推定的步骤如“答案”当中所示，费米推定共有以下步骤。

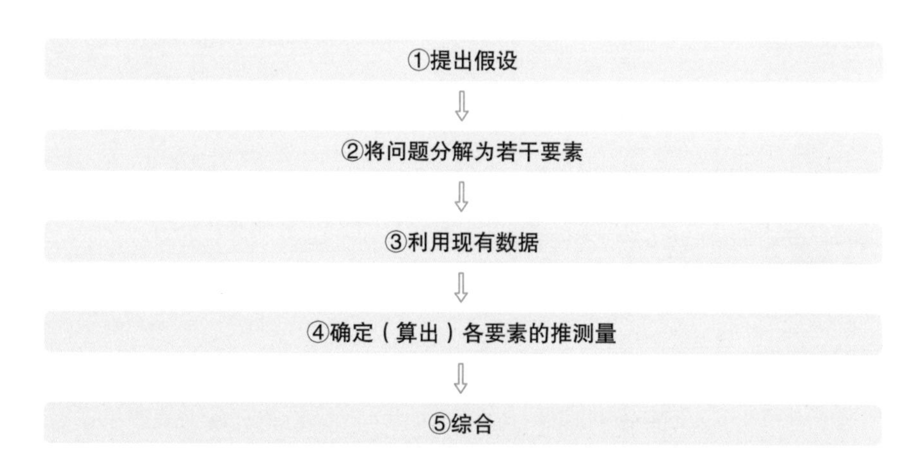

入职测试中“费米推定”的**目的并非得出正确的值（真正的值）**，而是考察面试者能否根据仅有的数据和自行推算的推测量**有逻辑性地推导出答案**。

很多情况下，费米推定可以得出接近实际值的数值。因为费米推定将问题分解成若干个推测量，即使其中的每个推测量有些许偏差，在综合阶段也可将偏差相互抵消。

在自然科学中讨论费米推定时，最后需要验证“与实际数值比较的结果如何”。

对此费米留下了一句意味深长的话：

“试验有2个结果。如果结果与假设相符，那么表示你计算出了某个问题；如果结果与假设相悖，那么表示你发现了某个问题。”

下面再做一道“费米推定”的练习题。

问题：请估算出职业足球运动员（守门员除外）在1场比赛中移动的距离。

解答举例

提出假设

与场上位置无关，用“平均速度×比赛时间”求出除守门员之外的足球运动员在1场比赛中移动的距离。

分解问题

足球比赛时间通常为90分钟，因此使用“比赛时间＝90分钟”作为数据。

为求出运动员的平均速度，需要估算（除守门员之外的）运动员在1场比赛中的**走动速度和跑动速度**，同时还要推算出**走动时间和跑动时间**。

即需要下列5个数字。

- 比赛时间（数据）
- 走动时的平均速度（推测量①）
- 跑动时的平均速度（推测量②）
- 走动时间（推测量③）
- 跑动时间（推测量④）

数据

比赛时间：90分钟＝1.5小时。

推测量的确定

推测以下量：

· 走动时的平均时速：4千米/小时

· 跑动时的平均时速：5米/秒

· 运动员的走动时间：1小时

· 运动员的跑动时间：30分钟＝0.5小时

综合

因为运动员的走动时间为1小时，所以4千米/小时的走动距离为

$$4\times1=4(千米)$$

因为跑动时间为0.5小时，所以5米/秒(时速18千米)的跑动距离为

$$18\times0.5=9(千米)$$

因此，运动员1场比赛移动距离的推测值为

$$4+9=13(千米)$$

此外，调查实际的数据后发现，职业的足球运动员每场比赛(90分钟)的跑动距离约为11千米。而2014年世界杯跑动距离最长的运动员是美国国家队的迈克尔·布拉德利，平均每场比赛12.62千米。

第 **23** 题

涵盖所有情况、图解信息的题目

博弈论 ▸难易度：简单 普通 难  ▸目标解题时间：10 分钟

在乒乓球比赛中，当对手打出前旋球时，若事先预想到前旋球，则有 80% 的概率可以接打成功，而预想到后旋球时，接打成功的概率为 30%。当对手打出后旋球时，预想到前旋球时接打成功的概率为 20%，而预想到后旋球时接打成功的概率为 50%。请回答此时选手应以何种比例预想其为前旋球。

前提知识、公式

◎博弈论（零和博弈中的极小化极大化战略）

零和博弈（一方所得即另一方所失的游戏）当中，最佳战略是将损失降低至最小的战略，此称为“极小化极大化战略”。

解题思路探讨和答案

接打成功概率

比例	自己＼对方	打出前旋球	打出后旋球
p	预想到前旋球	80%	20%
$1-p$	预想到后旋球	30%	50%

将选手（自己）预测成“前旋球”的比例设为p，问题中的条件归纳表格后即

为上表。

此时，设接打成功的概率为w。

对手打出前旋球时，

$$w=0.8\times p+0.3\times(1-p)=\mathbf{0.5}\boldsymbol{p}+\mathbf{0.3}$$

对手打出后旋球时，

$$w=0.2\times p+0.5\times(1-p)=-\mathbf{0.3}\boldsymbol{p}+\mathbf{0.5}$$

用图表表示这两个概率，横轴为p，纵轴为w。

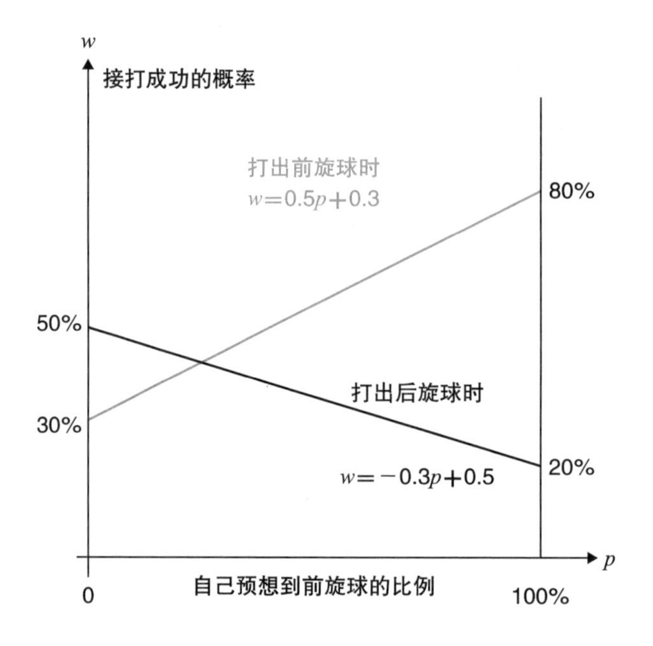

那么，在乒乓球比赛当中，对于自己来说“最糟糕的情况”是哪种？本题当中仅有“打出前旋球”和“打出后旋球”两种，因此“最为糟糕的情况”是指接打成功概率更低的情况。

对手选择接打成功概率最低（图表下侧）的击球方式，最糟糕的情况（损失最大的情况）中接打成功的概率是如下图所示以两条直线交点为顶点的山形图表。

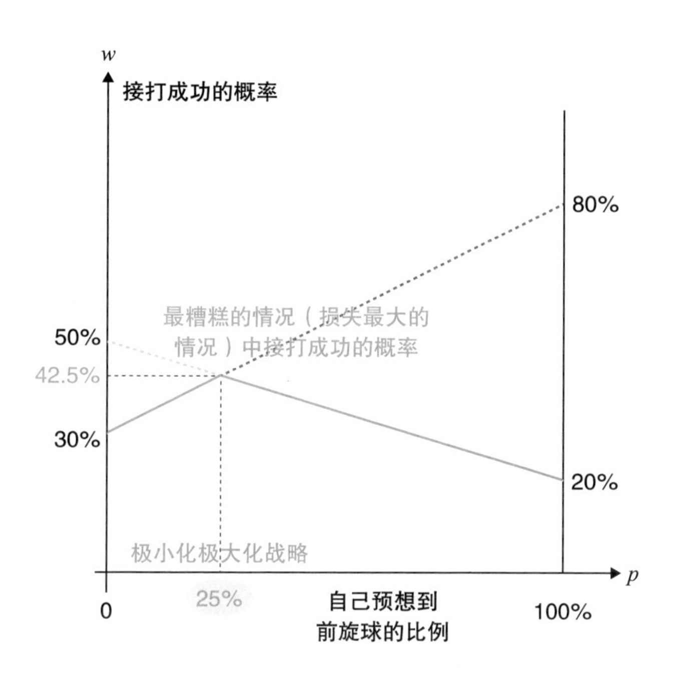

可通过下列联立方程式求出交点。

$$\begin{cases} w=0.5p+0.3 & \cdots\cdots① \\ w=-0.3p+0.5 & \cdots\cdots② \end{cases}$$

将①代入②可得出

$$0.5p+0.3=-0.3p+0.5 \Rightarrow 0.8p=0.2 \Rightarrow p=\frac{0.2}{0.8}=\frac{1}{4}=\mathbf{0.25}$$

此时，根据①可得出

$$w=0.5p+0.3=\frac{1}{2}\times\frac{1}{4}+\frac{3}{10}=\frac{1}{8}+\frac{3}{10}=\frac{5+12}{40}=\frac{17}{40}=0.425$$

综上所述，以**25%的比例**(4次预测1次的比例)预测前旋球时，可将“最为糟糕的情况”下的损失降到最小(接打成功的概率最大)。

而此时的接打成功概率为42.5%。

答案： 25%

永野之见

博弈论是指**"分析多名选手选择各自不同的战略时，如何影响当事人及当事人所处环境的理论"**。通俗地说，是告知我们当2名以上的选手处于利害关系当中时，会产生何种结果，应如何决策的理论。博弈论中的"选手"可能是"国家"，也可能是企业组织或者个人。

最先提出博弈论的是匈牙利数学家**约翰·冯·诺伊曼**(1903–1957)。1944年冯·诺依曼与经济学家奥斯卡·摩根斯特恩(1902–1977)所著的《博弈论与经济行为》成为20世纪的名著之一。

冯·诺伊曼拥有令人惊叹的能力。比如，在计算比赛中战胜自己开发的、处于萌芽期的计算机，数分钟之内推导出数学家花费3个月时间得出的结论。

虽然博弈论自诞生至今仅不到100年时间，是一门历史尚浅的理论，但是时下已经在经济学、政治学、社会学、信息科学、生物学以及应用数学等众多领域被广泛应用。

零和博弈

当冯·诺伊曼构思博弈论时，最先想到的是像围棋和国际象棋等自己的胜负与对方的胜负正好对立的游戏。在这种一方胜利一方失败的游戏当中，收益和损失正好与对方相互抵消变成零，所以被称为"零和博弈"。

零和博弈当中的最佳战略在于思考"如何才能不失败"。换言之，是将在对自己最为糟糕的情况下的损失(最大的损失)降到最小(极小化)的方针，诺伊曼将此称为"极小化极大化战略"。

囚徒困境

提到"博弈论"，一定有很多人会想起"囚徒困境"，那么下面对此进行介绍。

有2名重大案件的犯罪嫌疑人分别因其他小案件被逮捕。将2名嫌疑人假设为囚徒A、囚徒B。检查机关对2人分别进行如下司法交易(在审判当中，嫌疑人或被告与检察官交易，协助办案，以此获得不起诉或减刑等待遇的制度)。

(1)如果对方沉默而你招认的话，你将被释放。
(2)如果对方招认而你沉默的话，你将被判处10年刑期。
(3)如果2人都沉默，则2人都被判处1年刑期(仅对小案件进行刑罚)。
(4)如果2人都招认，则2人都被判处5年刑期。

囚徒A、B是被分开问讯的，相互之间无法获知对方在问讯中的言行。

首先，站在囚徒A的立场上思考。当囚徒B沉默时，A招认的话会获益(被释放)。

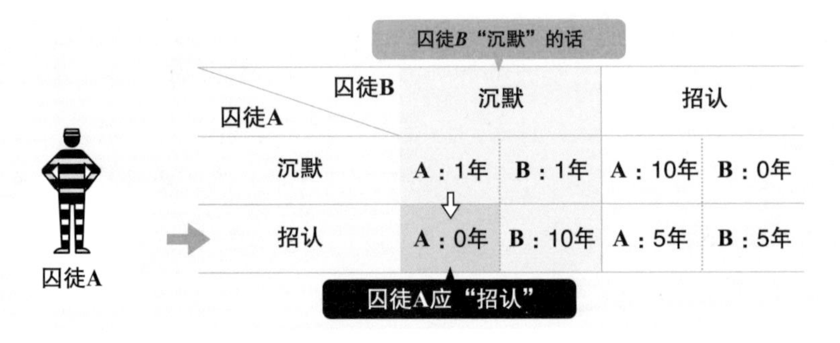

而当B招认，A也招认的话会获益(否则只有自己会被判处10年)。

囚徒B“招认”的话

囚徒B / 囚徒A	默秘		自白	
沉默	A：1年	B：1年	A：10年	B：0年
招认	A：0年	B：10年	A：5年	B：5年

囚徒A

囚徒A应“招认”

无论在哪种情况下，都是招认的一方会获益，所以合理判断出A应该选择招认。当然，对于B来说也是一样。结果2人都会被判处5年。

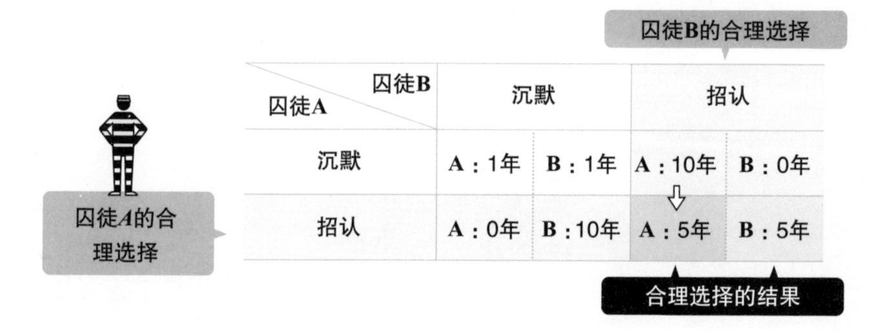

囚徒A \ 囚徒B	沉默		招认	
沉默	A：1年	B：1年	A：10年	B：0年
招认	A：0年	B：10年	A：5年	B：5年

但是，这一结果存在一个问题：如果2人都选择沉默的话，2人都被判处1年刑期，那么2人都会获得比招认(2人都被判处5年)更好的结果。

囚徒困境指的是明知相互协助(沉默)会比不协助(招认)获得更好的结果，却在不协助者获得利益的情况下变得不会相互协助的困境。

"囚徒困境"的相关事例有很多，包括价格战、秩序问题、环境问题等。囚徒困境颠覆了"只要每个人基于合理的判断行动的话，社会整体应该会获得更好的发展"的社会普遍认识，对经济学、社会学、哲学等有着非常大的影响。

解决囚徒困境的方法

为解决囚徒困境，事先"**设置规则，规定背叛者会损失利益**"非常有效。上面的例子当中，如果囚徒A和囚徒B相互之间约定好："如果被逮捕的话绝不要松口啊。背叛的话(招认的话)后果很严重！"那么2人招认的可能性就会降低。如此一来2人都会"沉默"，最终获得有利于2人的结果。

但是，国家之间的争斗很难设置有效的规则。此外，地区的垃圾问题等，对于背叛行为(不当行为)的监控成本过高，因此，即使设置规则，也可能无法发挥作用。

下面做一道有关**囚徒困境**的例题。

问题：相邻的两家店铺：A店和B店，都卖电子产品。最近两店不断进行价格战，双方均处于困境，却无法停止价格战。请回答其中的原因。

解答

站在A店的立场上思考。

两店选择“保持高价”还是“降价”决定着对A店的利益，可分为下列4个阶段：

优：A店“降价”和B店“保持高价”——只有A店卖得好。
良：A店“保持高价”和B店“保持高价”——A店和B店都能够获得相应的利益。
差（好于最差）：A店“降价”和B店“降价”——利益微薄，但可以避免“只有B店卖得好”的情况。
最差：A店“保持高价”和B店“降价”——只有B店卖得好。

将上述内容归纳成表格：

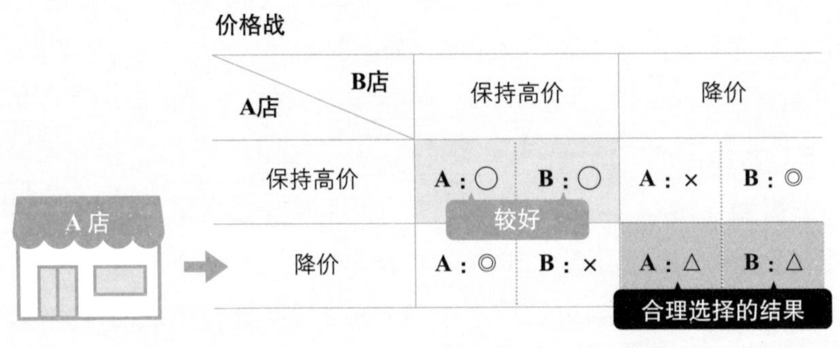
价格战

A店 \ B店	保持高价		降价	
保持高价	A：○	B：○	A：×	B：◎
降价	A：◎	B：×	A：△	B：△

◎：优 ○：良 △：差（好于最差）×：最差

如果B店保持高价，那么A店降价。如此一来，A店由良→优。

相反，如果B店降价的话，那么A店还是要降价。如此一来，A店由最差→差。

上述情况对于B店来说（当然）也是一样的，因此**最终两家店均选择“降价”，无法停止价格战**。

正是因为“囚徒困境”，所有的零售店都会对价格战感到头疼，但也有与价格战无缘的商品。那就是书籍。

一般来说，书店都会以定价销售书籍。这是因为书籍特别规定有“保持再次销售价格”，即厂商不允许零售商变更商品零售价格，必须以定价销售(即所谓的“再次销售行为”)。

另一方面，书店也以接受再次销售行为为条件签订合同，由厂商收回没有销售出去的商品。一旦破坏约定，会蒙受远高出降价所获利益的损失，因此无论哪家书店都会遵守合同，以定价销售。